함께 쓰는
수학 일기

함께 쓰는 수학 일기

발행일   2023년 5월 29일

지은이   이미란, 전은경, 강다영, 권지우, 김주언, 박범진, 박시현, 서민경, 최석희, 성지혁, 손가영, 이시연
펴낸이   손형국
펴낸곳   (주)북랩
편집인   선일영   편집   정두철, 배진용, 윤용민, 김부경, 김다빈
디자인   이현수, 김민하, 김영주, 안유경   제작   박기성, 황동현, 구성우, 배상진
마케팅   김회란, 박진관
출판등록   2004. 12. 1(제2012-000051호)
주소   서울특별시 금천구 가산디지털 1로 168, 우림라이온스밸리 B동 B113~114호, C동 B101호
홈페이지   www.book.co.kr
전화번호   (02)2026-5777   팩스   (02)3159-9637

ISBN   979-11-6836-925-2 03410 (종이책)   979-11-6836-926-9 05410 (전자책)

수학 선생님과 학생들이 수학의 아름다움에 빠지다

함께 쓰는
수학 일기

이미란, 전은경, 강다영, 권지우, 김주언, 박범진, 박시현, 서민경, 최석희, 성지혁, 손가영, 이시연 지음

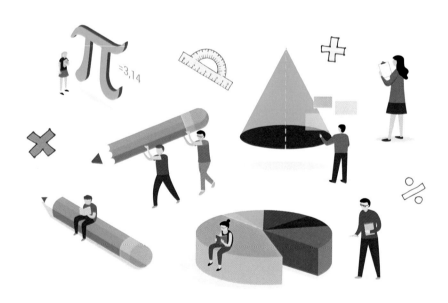

 북랩

함께 수학 일기를 쓰면서
더불어 성장하는 우리

학교는 배움의 장소다. 지식을 배우고, 삶의 지혜를 배우며, 더불어 살아가는 바른 인성을 키우는 곳이다. 누구나 학교를 다녀서 자신의 학창 생활을 기반으로 학교란 어떤 곳인지 알고 있다. 그렇지만 2022년의 학교의 모습은 어떨까? 학생들은 어떤 마음으로 학교에서 생활하고, 교사들의 수업 철학과 정서는 어떨까?

수학은 세계를 이해하기 위한 여러 개의 아이디어와 연결되어 수학적 렌즈를 통해 세계를 바라볼 수 있다. 이러한 수학을 중심으로 수학 동아리(Math Love) 학생들은 선배와 후배까지 연결되어 있고, 쉬는 시간이나 점심시간 주말 캠프 등에서 수시로 만나서 수학 교구 조립이나 체험 등을 함께한다.

'수학 선생님은 오늘 어떤 생각을 하며 보냈는지? 우리 선배님은 어떤 생각을 하는지? 내 친구는 어떤 것에 관심이 있는지?'

학교에서는 친구들과 만나서 많은 이야기를 나누지만 자신의 속마음을 모두 드러낼까? 교사와 학생이 하루 종일 같은 공간인 학교에서 머물고 있지만 자신의 생각을 다 표현할까?

마음을 드러내는 것이 두렵기도 하고, 생각을 어떻게 서술해야 하는지 모르기도 한다. 관계성에 따라 나의 의견을 표현하는 것이 불편하기도 하고, 생각을 공유할 시간이 부족하기도 하다. 그래서 웹의 공유 문서에 시간과 장소의 구애 없이 자유롭게 접속하여 함께 일기를 쓰면서 마음과 생각을 공유하고 서로 들여다봄으로써, 이해와 포용의 연결 고리를 만들게 되었다.

또한 수학 교사와 동아리 학생들의 생각을 공유함으로써, 수학을 포기한 학생이나, 수학을 문제 풀이로 오해하는 많은 사람들에게 수학이 어떤 철학으로, 어떻게 학습해야 하는지에 대한 길잡이가 되었으면 한다.

내부적으로는 수학 동아리 학생들이 함께 일기를 쓰면서 자신과 만나고, 포용하는 관계 형성으로 친구를 만나고, 수학을 통해 세상과 만나기를 기대한다. 외부적으로는 수학 교과가 입시를 위한 문제 풀이라는 생각에서 벗어나 아름답고 신비로우며 즐거운 수학으로 확산되기를 바란다. 그리하여 더불어 사는 삶의 태도를 기르고, 배움의 즐거움을 경험하는 학교 본연의 모습이 구현되기를 소망한다.

수학 동아리 활동을 지원하고 응원해 주신 내포중학교 교장(유동근), 교감(백승덕) 선생님과 모든 교직원에게 감사드립니다.

수학 동아리 지도 교사

이미란

수학 동아리 소개

2017년 1기부터 올해 6기(중학교 1학년)의 수학 동아리가 있다. 대면으로 만나서 대화하는 것에서 나아가, 서로의 생각이나 고민을 자유롭게 표현하고 공감하는 장으로써, 자원한 학생들이 함께 수학 일기를 쓰며 생각을 공유했다.

교사 이미란   교사 전은경   4기 강다영   5기 권지우

5기 김주언   5기 박범진   5기 박시현   5기 서민경

5기 최석희   6기 성지혁   6기 손가영   6기 이시연

함께 쓰는 수학 일기

CONTENTS

5월 함께 쓰는
수학 일기

5. 2 (월) 만년 동안 사용하는 달력

주말 수학 캠프에서 대형 만년 달력을 만들어서 1층, 3층에 설치했었다. 등교하면서 보니 여학생 4명이 앉아서 오늘 날짜인 [5월 2일 월요일]이라고 만들기 위해서 진지하게 토의하면서 달력을 조립하고 있었다. 누가 시키지도 않았는데 도전하는 마음이 예쁘다!

얼른 2개 더 만들어서 2층, 4층에도 배치하고 싶은데, 수학 교사와 수학 동아리 학생들 모두 일정이 빽빽하여 어떻게 추진할지 모색 중이다.

5. 2 (월) 수학 문제 풀이 속도 빨라지기를

학교 끝나고 스터디 동아리를 했다. 원래 과학 문제집을 풀어야 하는데 수학이 더 급해서 수학 문제집을 풀었다. 목표가 연립방정식을 다 푸는 거였는데 스터디에서 다 못 풀어서 집에 가서 나머지 문제들을 아슬아슬하게 다 풀었다.

처음에는 문제 푸는 속도가 느렸는데 하다 보니 점점 빨라졌다. 계속 푸는 속도가 빨라졌으면 좋겠다.

5. 3(화) 가면 갈수록 쉬워지는 수학

미지수를 하나만 사용하여 문제를 해결한다. 하나만 사용해야 한다는 '제한'이 걸려 있어서 문제 푸는 데 약간의 어려움이 있다. 미지수 2개를 이용할 수 있으면 더 쉽게 해결할 수 있을 것 같은데, 2학년에서 배운다고 한다. 사람들은 수학이 가면 갈수록 어렵다고 대부분 생각한다. 하지만 수학은 우리가 더욱 편하게 하려고 배우는 것이기에 수학을 어려워하지 않고 즐겁게 배울 수 있었으면 하는 마음이다.

5. 6(금) '기사의 여행'은 계속된다

수학 캠프 산출물을 전시하려고 준비 중이다. 미완성 된 것이 있어서 선아와 지민이를 불러서 점심시간과 방과 후 6시까지 기사의 여행 만들 나무판에 못을 박고, '16×16 기사의 여행'길 찾기를 도전했다.

길을 잘못 찾아서 도중에 몇 번이나 묶었다 풀었다를 반복했다. 일찍 집에 가고 싶을 텐데, 끈기를 가지고 기어코 성공하는 그 모습이 어찌나 기특하고 예쁜지!

조성욱 샘은 30×30판에 900개의 못을 박느라 계속 망치 소리가 복도를 울리는 것이 꼭 음악 소리 같다. ^^ 전시물에 학생들 이름을 부착할 준비를 하고, 이어서 5월 21일에 있을 [용봉산에서 수학 찾기] 캠프를 위한 준비를 하며 그 망치 소리를 즐겁게 들었다.

수시로 들여다보며 자질구레한 일거리 챙겨 주는 범진이, 수석실에 가끔씩 들러 보면 일거리만 주는데도 기꺼이 와 주는 지우, 주언이, 동아리 일을 요것조것 챙기는 석희, 민경, 시현이 같은 학생들이 있어서 내포중이 점점 더 좋은 학교로 성장하는 것이 느껴진다.

5. 9 (월) 추억과 이야기가 담긴 수학 구조물

수학 캠프에서 대형 만년 달력을 시연, 지우랑 같이해서 교내에서 전시되어 친구들이 수시로 정육면체 박스를 돌려 날짜를 맞춰 보는 것을 보니 뿌듯하다. 그림을 그리면서 우리만의 이야기가 있어 더욱 애착이 간다. 기사의 여행을 연필로 그리는 것은 성공했으나, 못을 박아서 실로 엮는 활동은 못 해서 점심시간에 수석실에서 했다. 그려진 것을 보고 하는데도 훨씬 복잡하고 어려웠다.

함께 쓰는 수학 일기

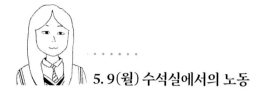

5. 9(월) 수석실에서의 노동

수업 시작 전에 수학 캠프에서 완성 못 한 '기사의 여행'에 실을 다 엮었다. 동아리 후배 지민이가 쌓기 나무를 더 붙여 주었기에 실로 엮어 완성하는 것이 훨씬 수월했다. 점심시간에 다시 수석실에 가서 또 다른 판에 실로 엮고, 이어서 나무판에 못을 박았다. 책상 위에서 하니 책상이 자꾸 흔들리고 못 박는 소리도 크게 나서 바닥에 앉아서 못을 박았다. 바닥이 차가운 것이 힘들었다. 바닥에서 못질하는 것을 다른 친구들이 신기하게 바라보았다.

5. 10(화) 모든 학생이 100점 맞기를~

덧셈, 뺄셈, 곱셈, 나눗셈을 할 때는 잘하는 것 같았는데, 네 가지가 혼합된 계산 형성 평가를 했더니 내 기대에 못 미치는 결과가 나와서 진도 나가기를 멈추고 오늘도 사칙 연산 수업을 했다.

내일 에버랜드로 체험 학습 가는 즐거운 마음으로 오늘은 놀자는 학생도 있는데, 난 모든 학생이 100점을 맞기를 바라서 계속 혼합산 문제를 풀고, 숫자 바꿔서 풀어 보라고 하며 수업의 끈을 강하게 잡고 끌었다.

수업이 끝날 때 '오늘은 학생들이 거의 알게 된 것 같아~♬' 하는 만족감이 즐거웠다. 다음 시간에는 쪽지 시험을 봐서 미도달 학생은 방과 후에 남겨서 특별 수업을 해야겠다. 모두가 100점 맞기 프로젝트를 강행하려고 한다.

5. 11(수) 해가 없는 연립 방정식이 있다~

연립 방정식의 풀이 수업 시간은 학원에서 예습해서 어렵지 않 았다. 작년에 일차 방정식을 배웠던 게 아직도 생생하게 기억나 는데, 벌써 내가 2학년이 되어 연립 일차 방정식을 배우고 있다 는 게 신기하고 씁쓸하다.

분수가 있는 방정식은 분모의 최소 공배수를 곱해 주고, 소수 가 있는 방정식은 10의 거듭 제곱을 곱해 정수로 만들어 주는 것 은 1학년 일차 방정식과 같았다. 해가 무수히 많은 방정식과 해 가 없는 방정식이 신기했다.

담임 선생님이 수학 선생님이라 좋기도 하지만, 그만큼 다른 이야기로 넘어가기 쉬운 것 같아 아쉽다. 다음 수학 시간에는 수 업에 더 집중해야겠다.

5. 11(수) 수학 교사들의 망치질

벌써 두 번째로 수학 샘들이 야근을 했다. 대형 만년 달력을 제작하고, 기사의 여행과 스트링 아트 전시물 제작을 위해 나무판에 못을 박았다. 수학 교사들의 못 박는 실력이 늘어서 지난번보다 일을 하는 속도가 훨씬 속도가 빨라졌다.

대형 만년 달력을 1층과 3층에만 설치했는데, 오늘 2개 더 만들어서 2층과 4층에 배치했다. 전교생이 900여 명인데 누구나 한 번쯤 만년 달력을 돌려서 날짜를 맞춰 보게 하고 싶었고, 달력을 보며 하루가 지나가는 것을 실감하면서 시간을 소중하게 보내야겠다는 마음을 심어 주고 싶은 마음도 있었다.

거치대를 만들기 위해 전은경 샘 댁에 있는 전기톱을 가져와서 김현우 샘이 설계도를 그려서 잘랐다. 수학 샘들은 기능도 뛰어나서 못질, 톱질, 테이프 작업으로 구조물 만들기를 모두 잘하신다!

5월 21일로 예정된 주말 수학 캠프 [용봉산에서 수학 찾기]에 대해서도 협의를 했다. 당일 코스, 준비물, 활동 방법 등 여러 사람의 의견을 모아서 최종 운영 방법을 찾았다.

우리 학교와 가까이 있는 용봉산에 관심과 애착을 갖게 되기를 바라는 마음과 그런 용봉산에서도 수학을 이야기하는 좋은 기회가 되기를 기도한다.

5. 12(목) 복습이 효과적이다

식의 계산 단원을 복습했는데, 새삼스레 지수 법칙이 신기하게 다가왔다. 밑이 같은 거듭 제곱의 곱셈은 지수의 덧셈과 같은 것을 어떻게 발견하게 되었는지 정말 궁금하다.

다항식의 계산은 1학년 내용을 다시 하는 느낌이라 쉬운 것 같은데, 문제를 풀다 보면 아직도 헷갈리는 부분이 있다. 예습도 하고 학교 수업도 들었는데 아직도 헷갈리는 부분이 있다…. 그래도 오늘 복습을 한 덕분에 헷갈리는 부분을 잘 이해하고 넘어가게 되어서 다행이다. 복습을 안 했다면 나중에 공부를 할 때 힘들었겠지….

김○영 5.12(목) 수학 학원을 계속 다녀야 할까?

요즘 고민이 있다. 학원을 다니면서 예습을 하다 보면 이해가 안 되는 것이 있고, 그걸 선생님께서 알려 주시는 건 좋은데 예습이 아니라 복습을 해야 하는 것이 아닌가 생각이 든다. 이해를 하더라도 학교에서 배울 때는 다 까먹을 것 같다.

공부를 하면서 옛날에 배웠던 문제를 풀면 틀리는 게 꽤 있고 이번 중간고사는 수학 성적이 운 좋게 잘 나왔지만 수학 학원의 시간 때문에 다른 과목을 더 공부하지 못해서 다른 과목의 성적이 좀 많이 떨어지고 있다. 이번 중간고사는 2과목이었지만 기말은 8과목이고, 학원을 좀 포기하거나 옮기거나 시간을 줄이면 수학 성적은 떨어질 것 같아 걱정된다.

5. 12(목) 신중하게 문제를 풀어야겠다

집에서 연립 방정식을 가감법과 대입법을 적용해서 풀이하는 연습을 했는데, 개인적으로 가감법이 문제 풀이 하는 데 편하다. 이어서 속력이나 나이 등과 관련된 다양한 유형의 활용 문제를 풀었다. 채점을 해 보니 실수로 틀린 문제들이 있었다. 다음에는 틀리지 않도록 조금 더 신중하게 풀어야겠다.

5. 12(목) 수학을 하면 꾸준히 걷게 된다

'기사의 여행'을 만들기 위한 못은 모두 박았는데, 아직 실로 연결하지 못한 지영이가 쉬는 시간마다 5분 정도씩 하다가 갔다. 수석실까지 와서 몇 개 하다 보면 어느새 예비 종이 울려서 또 가야 하고~ 그래도 꿋꿋하게 쉬는 시간마다 와서 이어가는 지영이가 대견하다.

우리 삶이 그런 것 아닐까? 금방 성과가 보이지 않아도, 목표를 위해서 계속 꾸준히 걸어가는 것. 수학은 이렇게 살아가는 철학을 세워 주기도 한다!

5. 13 (금) 일차 방정식 활용 어디까지일까?

방정식의 풀이는 문자는 좌변으로, 수는 우변으로 이항한 뒤, x의 값을 구하는…. 말로는 참 간단한 방법이다.

일차 방정식 풀이 후에 활용을 배웠는데, 일상생활에 적용하는 것이다. 처음에는 어렵게 여겨졌는데, 숫자를 적용해서 차근히 문제 상황을 이해하고 나니 재미가 느껴졌다. 실제로 생활에 활용해 보니 가치가 느껴졌다.

"이런 걸 왜 배우는 거지?"가 아닌, 조금만 더 긍정적인 마음으로 수학을 받아들이니 수학 수업이 재미있게 느껴졌다.

5. 13 (금) 피아노 연주가 학교를 감싸다

교내 전체를 울리는 듯한 피아노 소리에 이끌려서 1층 현관으로 갔더니, 누구나 연주를 할 수 있도록 1층 현관에 디지털 피아노가 설치되었다. 학생들과 옹기종기 모여서 연주하는 것을 감상하니, 학교에서 따뜻한 온기가 느껴지고 편안한 보금자리로 느껴졌다.

함께 쓰는 수학 일기

　'나도 나가서 한 번 쳐 볼까? 좀 떨린다.'며 친구와 이야기하는 소리가 들렸다. 음악 수행 평가로 하는 의무적인 연주가 아닌데, 자신을 표현하는 또 다른 방법인 피아노 연주가, 학생들의 마음을 설레게 두드리고 있었다.

　앞서 연주하던 학생이 마치자 주언이가 자연스럽게 피아노 앞에 앉아서 연주를 한다. 연주하는 학생과 감상하는 학생들의 호흡이 하나가 되어 살랑살랑 바람 부는 꽃길을 걷고 있는 것 같았다.

5.14(토) 하다 보면 익숙해지는 것

　'기사의 여행'길을 찾아 우선 연필로 그려서 완성하였다. 그런 뒤 나무판에 못을 박아서 틀을 짜고, 연필로 그린 그림을 보면서 실로 연결했다.

　수학 캠프에서 했던 기사의 여행을 집에서 30×30에 도전했다. 집에서는 나무판이 없어서 쌓기 나무 블럭을 900개 사서 각각 900 개의 못을 박고, 목공 풀로 전부 이어 붙여서 판을 만들었다. 실로 감는 것은 어렵지는 않았지만, 한 칸의 작은 실수를 하면 그만큼 시간이 허비되고 스트레스가 쌓였다. 감다

가 줄이 풀려서 한 줄을 다시 감기도 했다. 그걸 반복하다 보니 그나마 다행히 30×30을 완성하고 전시할 수 있었다.

너무 힘들어서 '다시는 기사의 여행을 안 한다'고 했지만, 수학 캠프에서 30×30을 다시 도전하고 있는 나를 발견했다.

게다가 '기사의 여행'을 엔트리로 만들기까지 하고 있는 걸 보니 하기 싫다고 해서 하지 않을 수 있는 게 아닌 것 같다. 엔트리로 기사의 여행을 코딩을 하는 것은 수학과 결합해야 되어서 복잡했다. 시작했으니 완성은 해야겠다.

5. 14(토) 수학 문제를 풀면 돈을 준다

유튜브 광고 중 수학 대왕이라는 앱을 보게 되었는데, 수학 문제를 풀면 돈을 준다는 것이다. 오늘은 단지 기분이 좋아서 속는 셈 치고 광고에 나오는 앱들을 모두 깔고 시도해 봤다. 처음에는 '유튜브를 보면 돈을 줘요!'라는 앱이라든가, '폰을 쓰지 않으면 돈을 준다!' 같은 앱과 같이 사용한 시간에 비례해 적당한 돈을 주지 않는 앱인 줄 알았다. 그러나 이 앱은 달랐다. 그리 많은 돈을 주는 건 아니지만 소비자를 끌어오는 요소가 비슷한 타 앱과는 다르게 적지는 않은 돈을 받을 수 있는 것 같다.

그렇게 몇 문제 몇 문제 풀다 30분 정도를 소비했다. 본래 4시부터 "공부한다 공부한다"며 공부를 시작하려 했지만 7시까지 유튜브만 보게 된 신기함을 실감하게 되었다.

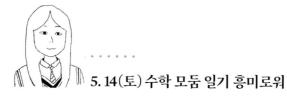

5. 14(토) 수학 모둠 일기 흥미로워

처음 일기 쓸 때는 귀찮게 생각했다. 일주일에 2번 쓰는 게 숙제 같아서 썩 내키지는 않았는데, 실제 써 보니 '어! 생각보다 괜찮은데!'라고 생각되었다. 작년 1학년 수학 모둠 일기를 쓸 때, 귀찮으니 빨리 쓰고 다음 친구에게 넘겼다.

그런데 올해는 나이를 먹어서 그런지 아니면 종이 노트에서 인터넷 공유 문서로 바뀌어서 그런지 모르겠는데 일기 쓰기가 좀 흥미롭게 느껴진다.

소〇은 5.14(토) 문제가 읽히지 않아…

요즘 공부하고 있는 이차 함수가 너무 어려워 걱정이다. 각각 y 절편과 x 절편이 주어졌을 때 그래프 위의 두 점의 좌표를 각각 대입하여 a와 b의 값을 구하는 것이 아직 익숙하지 않다. 같이 공부하는 친구에게 계속해서 문제를 물어보는 것이 미안해 혼자 풀어 보려 했지만, 문제가 읽히지 않았다. 전에도 일차 함수에서 어려움을 겪었었는데, 또 이차 함수를 어려워하는 것을 보면 나는 함수를 가장 어려워하는 것 같다.

앞으로는 함수 부분을 공부할 때 더욱 신경 써서 개념을 정리하고, 틀린 문제가 있다면 오답 노트를 성실하게 작성해야겠다.

5. 16(월) 함수 $f(x)$에 대한 추억

일주일 동안 점심도 조금 먹고 학원도 안 가면서 열심히 준비한 스승의 날 행사 준비가 끝났다. 선생님들께서 좋아하시고 즐거워하셔서 덩달아 기분이 좋았다.

학원에서 일차 함수 단원을 예습했다. y가 x의 함수일 때 $y = f(x)$로 나타낸다고 하는데, 기호 $f(x)$를 보자마자 작년에 있었던 일이 생각났다.

작년에 연극 동아리가 늦게 끝나고 동아리 오빠들과 집에 가는데 수학 학원 건물에 $f(x)$라고 써 있어서 오빠들한테 $f(x)$라는 걸그룹이 있는데 아느냐고 물어봤던 기억이 났다. 그날 동아리 선생님 깜짝 카메라도 하고, 떡볶이도 먹고….

초등학생이 잃어버린 가방 맡기러 파출소도 갔다 오고, 정말 재밌었는데…. 오랜만에 동아리 친구에게 연락해 봐야겠다.

5.16(월) 학교에서 안 풀리고,
집에서 잘 풀리는 수학 문제

수학 시간에 중단원과 대단원을 풀었다. 선생님이 검사를 안 하시기도 하고 이미 숙제로 내주셨기 때문에 천천히 농땡이를 부리며 풀 수 있었다. 내가 못 푼 문제는 총 5문제이었다.

1개라도 내 스스로 풀어 보고 싶었지만 시끄러운 주변 환경과 꼭 해야 한다는 의무감이 없었기 때문에 그 시간 안에는 스스로 1개도 못 풀었다. 결국 친구에게 물어봐서 1개는 풀 수 있었다.

난 두 가지 생각이 들었다. '내가 이걸 왜 못 풀었지?', '학교보다 집에서 나가는 진도가 느리네…. (아빠가 학교보다 적어도 한 달은 앞서가라 했는데….)'라는 생각이다.

결국 집에 가서 문제를 풀어 보았다. 약 20분 안에 스스로 2문제를 풀었다. 왜 집에서 하면 문제가 잘 풀리지?

5.17(화) 하노이 탑에서 길 찾기

1학년 주제 선택 시간에 하노이 탑을 했다. 원판 4개 옮기기는 기본으로 검사하고 잘 할 수 있는 사람은 5개, 6개, 7개까지 도전해 보도록 했다. 의욕 넘치게 도전하느라 원판을 정신없이 옮기

는 도중에 어디에서 어디로 옮기고 있었는지 잊고 되돌아가다가
"아차, 틀렸네." 했다.

그런 행동을 보고 문득 '나의 삶의 목적에 맞게 그 방향을 향해
잘 가고 있나'라는 생각을 하게 되었다. 날마다 정신없이 벌어진
일을 처리하다 길을 잃은 건 아닌지….

5. 18(수) 하루가 너무 짧다

전체 교직원 연수가 있는 날이다. IB(국제 칼로레아)에 관해서
연구 활동 했던 것을 발표하였다. 처음 들어 보는 교사들의 질문
을 받고 답변해 주면서 우리 교육이 어디로 가야 할지 고민하기
를 바랐다.

전은경, 이기낭, 김현우 샘이 주언, 범진이랑 함께 수학 산출물
전시용 거치대를 멋있게 만들어 놓으셨다.

주말 수학 캠프 때 함수 $y = 2x$, $y = 3x$, $y = 4x$ ..., $y = 10x$

를 대형 나무판에 못을 박아서 스트링 아트를 완성했다.

중간 크기 나무판이 4개가 남아서, 비록 수학 캠프는 마쳤지만 쉬는 시간과 방과 후에 계속 그 나무판에도 수학 교사와 동아리 학생들이 못을 박았다. 난이도를 높여서 함수식을 여러 개 중복 사용하여 아름답고 다양한 무늬가 나오는 그래프를 실로 엮느라 하루가 너무 짧다.

5. 19(목) Math Tour 현지 답사

아침 일찍 용봉산으로 갔다. 이번 주말 수학 캠프를 [용봉산에서 수학 찾기]를 하는데, 지난번 이기낭, 최서윤, 조혜미 샘이 사전 답사를 가서 용봉사 쪽으로 다녀오셨다고 하는데, 바위가 있고 가파르다고 해서 걱정되었다. 내가 전혀 가 본 적이 없는 코스라 120명 학생이 신청한 행사에 조금이라도 문제가 발생할까 봐 걱정이 되어서 직접 답사를 또 한 번 하였다.

용봉사까지 계속 오르막이라서 좀 벅찼지만, 용봉사에서 잠시 쉬고 오르막 바위산을 오르는데, 밧줄이 설치되어서 잡고 올라가면 괜찮을 것 같았다.

병풍 바위기 너무 멋지디. 히지만 위험히기도 해서 안전 지도하는 것이 제일 신경 쓰이는 구간이다.

도중에 커다란 평상이 있는 곳을 두 군데에서 발견해서 모여서 문제 풀이 하면 좋을 것 같은 곳을 찾았다. 학교로 돌아와서 답사한 결과를 반영하여 기존 제작했던 활동지의 순서를 조정했다.

도중에 팀별 미션인 [신체를 활용한 수학 구조물 만들기와 [아름다운 자연 포착 사진 찍기]는 다니면서 좋은 경치 있는 곳에서 여러 번 사진을 찍고, 하산한 다음에 [점프 사진] 찍기를 하면 될 것 같다.

점심시간에 민경이와 지우가 와서 '기사의 여행' 나무판에 실로 감아서 작품을 제작하였다. 민경이는 30×30을 그려 왔는데, 그것을 보고 실로 감는 것도 여간 힘든 일이 아니다.

못을 900개 박는 것도 힘든 작업이었고, 실로 감는 것도 힘들었지만, 작품을 보니 정말 감동이었다. 지우는 11×11을 신기한 패턴으로 도전했다.

5. 19 (목) 우와와오왕~

점심시간에 어제 하다 만 '기사의 여행'을 했다. 어제 힘들어서

445개만 하고 갔고, 이어서 오늘 점심시간에 열심히 연결했다. 지우도 와서 기사의 여행을 연결했다. 하다 보니 줄이 부족해 다시 이어서 했는데, 시간이 부족해서 결국 방과 후 시간에 다시 가서 30×30 기사의 여행을 완성했다. 우와와오왕~

5. 20(금) Math Tour 사전 교육과 협의

주말 수학 캠프(Math Tour_용봉산에서 수학 찾기) 사전 교육을 체육관에서 실시했다. 120명이 교외에서 체험 활동하는 것이라서 안전 교육을 했고, 학생들끼리 만나서 모둠을 구성했다.

결국 1팀 2학년 남학생, 2팀 2학년 여학생, 3팀 1학년 남학생, 4팀 1학년 여학생, 5팀 1학년 남학생, 6팀 1학년 혼합 팀으로 구성되었다. 투표로 팀장과 부팀장을 정하게 했고, 팀장은 앞에, 부팀장은 뒤에서 진행하도록 안내하였다.

지도 교사는 수업하는 학생이 팀원으로 많이 있는 팀을 담당하고, 모둠명을 '내, 포, 중, 킹, 왕, 짱'으로 정했다.

'내'팀 이미란, '포'팀 이기냥, '중'팀 전은경, '킹'팀 최서윤, '왕'팀 조혜미, '짱'팀 김현우 선생님 순으로 출발하기로 했다.

활동 1 수시로 꽃잎이나 나뭇잎 관찰(피보나치 수열)

활동 2 매표소에서 입장권 활용 풀이(부등식)

활동 3 용봉사에서 나무의 높이 재기(닮은 도형)

활동 4 수종별 배출 피톤치드 계산(식의 계산) 1번 평상

활동 5 최영 장군이 활터 관련(거리 속력 시간) 1번 평상

활동 6 나무의 수종별 탄소를 흡수량(식의 계산) 2번 평상

활동 7 전망대에서 산의 고도에 따른 온도의 변화(함수)

활동 8 전망대에서 끓는 물의 온도 변화 계산(함수)

5. 21(토) 용봉산에서 수학을 찾을 수 있다?

수학 캠프로 용봉산에 올라가서 수학을 찾는 활동을 했다. 등산을 한다고 해서 무섭기도 하고…. 걱정도 되었다. 친구들이 다 모이고 매표소 쪽으로 올라가는데 팔이 따끔해서 봤더니 이상한 벌레가 붙어 있었다.

잠깐 부어올랐지만 조금 기다리니 가라앉아서 다행이었다. 매표소에서 과제로 준 문제를 풀고, 미션으로 점프 샷을 찍고, 몸으로 수학 조형물 만들기는 팔로 별을 만들었는데, 의견이 분분했지만 멋있게 완성되어 즐거웠다.

등산은 처음부터 무섭고 힘들었다. 계단을 다 오르니까 바위들이 있어서 거의 네 발로 엉금엉금 기어갔는데 지금 생각해 보면 내 모습이 너무 웃겼을 것 같다. 그렇게 올라가 보니 너무 높아서 뒤를 볼 수 없게 되었다. 근데 앞에 가던 친구들이(나는 부팀장이라서 맨 뒤에 있었다!) 뒤를 보고 엄청 예쁘다고 하길래 너무너무너무 무서웠지만 잠깐 뒤를 보니까 우와…, 진짜 예쁘고 무서웠다. 다 올라가서 제대로 보니까 앞은 도청과 건물들이 보이고,

함께 쓰는 수학 일기

뒤는 나무가 보여서 엄청 예뻤다. 근데 정말 무섭고 힘들어서 울고 싶었다…. 흑흑.

중간중간 문제도 풀고 사진도 찍은 다음에 하산을 하는데, 와…, 진짜 내 오른쪽 허벅지가 펑 하고 터지는 줄 알았다. 올라갈 때는 울퉁불퉁한 바위뿐이라 중심을 잃고 떨어질까 봐 무서웠는데 내려갈 때는 길에 낙엽과 모래가 많아서 미끄러질까 봐 무서웠다. 조금 내려가다가 길이 진짜 너어무 미끄러워서 '이 정도면 그냥 엉덩이로 미끄럼틀처럼 내려가도 되겠는데…?'라고 생각했다. 서로 잡아 주면서 겨우 내려왔다!

홍예 공원까지 마치고 지우랑 몇몇 친구랑 마라탕을 먹으러 갔다. 그냥 먹어도 맛있는 마라탕을 힘들게 등산하고 와서 먹으니 엄청 맛있었다. 등산할 때는 힘들었지만 하고 내려오니까 상쾌하고 뿌듯했다. 다시 올라갈 수 있을까?

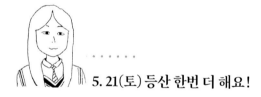

5. 21(토) 등산 한번 더 해요!

수학캠프는 실내에서 했는데, 등산을 한다니…. 재미있겠네.

용봉산 입구부터 문제 풀이가 시작되었다. 부등식 문제였다. 중간고사 때 공부했던 내용을 되짚어가며 풀었다. 그다음 문제는 병풍바위 바로 아래에서 풀었다.

병풍바위 구경 다 하고 또 다른 바위가 있는 곳으로 내려갈 때 '난 쟤들보다 빨리 내려가야지~'라는 생각에 거침없이 내려갔다.

내려가는 도중 발이 살짝 미끄러졌다. (머쓱) 다행히 다치지는 않았다. 또 다른 바위에 경치를 감상했다. 한참 동안 감상하고 싶었는데, 이동하자는 소리에 아쉬웠다. 서윤 샘이 "경치 보는 걸 좋아하는구나!"라고 하셨다. 난 잘 몰랐는데 그 말을 듣고, 경치 감상을 좋아하는 것을 알게 되었다.

다음 문제는 어떤 수를 곱하고 대소 관계를 비교하면 되는 거라서 쉬웠는데 그다음 문제가 거속시 문제였다. 숫자를 내가 알기 쉽게 바꿔 가며 풀어서 답은 구할 수 있었다.

하산하는 길은 모래가 있어서 미끄러워서 수현이가 미끄러지지 말라고 내 팔을 잡아 주었다. 자신도 내려가는 게 어려울 텐데 남을 챙기는 수현이가 고마우면서도 멋있었다. 내려오는 것이 올라가는 것보다 힘들었지만 등산하는 것에 재미를 느끼게 되었고, 다음에도 또 했으면 좋겠단 생각이 들었다.

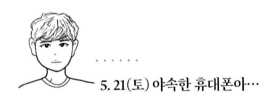

5. 21(토) 야속한 휴대폰아…

수학 캠프로 했다. 힘들지는 않지만 화가 날 일이 있었다. 휴대폰에 '모바일 데이터' 기능을 켜 놓고 등산을 했다. 그런데 아뿔싸, 휴대폰이 제멋대로 타국의 언어를 다운받고 있었다. 남은 데이터도 별로 없는데 산을 오르는 동안 다운로드를 하고 있으니…. 참으로 기분 나빴다. 바지 주머니 안에서 옷깃에 닿아 생긴 일이라고 추측된다. 수학 캠프는 친구들과 이야기도 하고, 등산도 하며 정말 좋았다. 휴대폰만 야속할 뿐이다. 어쩌나….

5. 21(토) Math Tour 용봉산에서 수학 찾기

‘용봉산에서 수학 찾기’ 5월 수학 캠프를 신청한 학생이 120명이었는데, 여러 가지 상황의 변수로 인해 87명이 참가했다.

너무나 고맙게도 수학 동아리 졸업한 선배들 연제욱, 신비, 이준호, 안은용, 이상화, 김경민이 왔고, 김선민은 오고 싶었으나 감기 몸살로 아쉽게도 못 왔다. 졸업생을 각 팀에 한 명씩 배정해서 재학생들과 대화의 장이 된 것도 보기 좋았다.

자동차 극장 앞에 모여서 물과 활동지를 배부하고, 팀별 5분 간격으로 출발하여, 수학 문제를 해결하도록 하였다.

병풍바위의 안전 사고 걱정으로 준호, 은용, 경민, 상화를 미리 올라가서 병풍바위 근처에서 더 이상 접근하지 않도록 바리케이드를 치도록 준비시켰다. 밧줄을 잡고 올라야 하고, 바위를 걸어야 하는 것을 여학생들이 버거워했다.

팀마다 3개의 미션으로, 인간 수학 구조물 만들기로 원, 별, 파이, I LOVE U, 피보나치 등을 만들었다. 신기한 자연 관찰은 이끼가 만든 모양이나 바위 속에서 자라는 소나무 등 학생들이 열심히 관찰한 사진이 수학 캠프 패들렛에 올라왔다. 중간중간에 수학 찾기 활동을 하면서 매표소, 용봉사, 병풍바위, 전망대를 거치는 동안 여기저기 사진도 찍고, 내포가 내려다보이는 곳에서

감탄의 환호성과 야호~ 함성도 지르고~

원 만들기   파이 글씨 쓰기   육각별

용봉산은 봄, 여름, 가을, 겨울의 다양한 색깔로 옷을 갈아입으면서 교실에서도 빤히 바라보인다. 학교에서 가까운 거리에 있음에도 처음으로 산에 오른 친구들이 많았다.

교실에서 보지 못했던 학생들의 모습이 보였다. 지후가 오르막길을 100m 달리기하듯 어찌나 빨리 뛰어 올라가는지! 지민이가 사진을 찍는데 각도가 사진작가 같고, 남학생들은 다람쥐처럼 바위를 날아서 오른다! 나뭇가지를 보면서 신체와 연결하여 글씨를 만들고, 바위에 이끼 모양에서 코끼리를 연상하고, 큰 바위에 올라서 배우 같은 멋진 포즈를 취한다.

하산했더니 김혜정 도교육청 장학사님께서 햄버거 간식을 챙겨 주시며 맞아 주셨다. 힘든 등산 후 간식은 꿀맛이었고, 모두들 행복했다. Math Tour로 용봉산이 더 정겨워졌다.

5. 22 (일) 신기한 수학 앱

참으로 놀랍다. "수학 문제를 풀면 돈 준다!" 앱에서 처음으로 주문을 했다. 수학 문제를 풀어 보았다.

5. 23 (월) 기본이 가장 중요하다

주제 선택 시간에 세팍타크로 준비를 하면서 미리 심호흡을 여러 번 했지만 역시나 너무 어려워 못 하겠다고 여기저기서 아우성을 친다. 자기 먼저 봐 주기를 바라는 아이들이 35명 중에서 18명은 되는 것 같다. 그 와중에 혼자서 다 만들어 가는 아이가 있어 너무 기특했다. 보조 교사로 지정해서 친구들을 도와주도록 했다.

오르락내리락 이 규칙을 반드시 지키라고 소리치지만 허공에서 너울댄다. 빨리 통과하고 싶어 대충 서두르다 퇴짜를 맞는다. 기본을 반드시 지킨다는 것이 얼마나 어려운지….

문득 수학 캠프 용봉산에서 수학 찾기가 떠오른다. 3조인 우리 '중'조는 착하게 문제도 잘 풀고 잘 올라갔다. 열심히 과제를 다 하고 전망대에 오르니 빨리 내려가고 싶어 세 번째 순서로 뒤따라가야 하는데 서둘러 하산 길을 정하고 내려왔다.

규칙을 지키지 않았다. 길을 너무 잘 아는 아이들이 다람쥐처럼 우리를 버려 두고 내려갔다. 길이 좋아 선두가 없어도 걱정 없이 내려오다가 우리가 완전히 길을 잘못 온 걸 알았지만 이미 많이 내려와서 되돌아갈 수 없었다. 앞서간 아이들을 찾으며 용봉산 옆 수암산 골짜기에서 규칙을 지키지 않은 걸 아이들에게 사과하고 또 후회하며 잃어버린 팀원들을 찾아 내려왔다. 다행히 무사했지만 정말 아찔했다. 세팍타크로 틀린 건 아무것도 아니다. 사소한 규칙 하나도 얼마나 중요한지….

5. 24 (화) 오늘 달력은 내가 꾸민다

3월 주말 수학 캠프에서 만들었던 대형 만년 달력을 1, 2, 3, 4층에 하나씩 비치했더니 누가 했는지 모르지만 날짜에 맞춰 정육면체 조각을 이리저리 돌려서 열심히 맞춰 놓고 있다. 같은 날짜이지만 1층, 2층, 3층, 4층에 표현된 방식이 다양하고 개성 있는 것도 재미있다.

오늘은 역사 최하나 샘이 지나가다가 학생들이 열심히 만년 달력 날짜를 맞춰 보는 것을 보고 기특하다고 학교 교직원 단톡방에 사진을 올리셨다. 학생들에게 시키지 않아도 스스로 해 보고 싶어 하고, 즐겁게 체험하니 수학적 사고력이 길러질 것이다. 교사들이 그런 모습을 기특하고 예쁘다고 칭찬해 주시니 애써 만든 것이 의미 있고 보람 있다.

5. 26(목) 단합 대회는 즐거워!

학생회 회의에 가느라 우리 반 단합 대회 첫 번째 게임은 참여하지 못한 게 너무 아쉬웠다. 하지만 이심전심 게임, 줄다리기 게임, 방울 숨바꼭질은 참여했다.

특히 줄다리기 게임이 가장 재밌었는데 스피드, 전략, 힘이 다 필요해서 엄청 힘들었다….

숨바꼭질할 때는 숨기 엄청 좋은 장소를 발견해서 좋았지만 아무도 날 찾아 주지 않아서 스릴이 없었다. 힝~

5. 27(금) 수학 없는 수학 일기

수학이 없는 금요일이다. 점심을 빨리 먹고 '기사의 여행' 연결을 안 했다는 게 생각나 수석실로 갔다. 나는 정사각형이 아닌 신기한 모양으로 도전했다.

이미 기사가 가는 길이 그려진 것을 보면서 연결해도 눈이 아프고 어려웠다. 어제 학급 단합 대회를 너무 열심히 했는지 온몸이 아파서 더 힘들었나 보다.

내일은 연극 동아리에서 우리 학교로 오시는 연극 외부 강사 선생님이 연극 작품을 공연한다고 하셔서 다 같이 보러 간다. 기대된당~

핸드폰에 있는 구글 문서 앱이 이상한 건지 수학 일기 문서 열기를 자꾸 거부하고 팅겨서 요즘에는 컴퓨터로 쓴다. 핸드폰이 편리한데 컴퓨터로 쓰는 게 불편하지만 어쩔 수 없지, 뭐…. 내일을 위해 과학 공부를 빨리하고 자야겠다. 요즘에는 수학도 좋지만 과학에 관심이 많아졌다.

5. 27일(금) 수학 독서 토론

조재희 선생님이 아들을 데리고 학교에 오셔서 수석실에 잠깐

들르셨다. 학생들이 어찌나 신기한 보석을 보는 듯 즐거워하며 지켜보는지~

재희 샘 아들 하랑이는 웃기를 잘하고, 다가가면 만져 보려고 팔을 뻗어서 손을 얼굴에 대 보는 등 친근하게 사람을 대한다. 학생들과 재희 샘, 하랑이, 나 모두 웃고 있었다.

창체 독서 토론 동아리 활동은 10권의 책(생각을 깨우는 수학, 박사가 사랑한 수식, 철학 수학, 방정식의 이해와 해법, 새빨간 거짓말 통계, 수학 IN 문화, 단위 이야기, 시네마 수학, 수학을 품은 역사)을 가져가서 원하는 책을 1시간 동안 읽으면서 독후감을 작성하고, 두 번째 시간은 1:1로 만나서 5분간 자신이 읽은 책에 대해 소개하고 대화하는 시간을 가졌다. 1, 2, 3학년이 섞여 있어서 대화 수준의 차이가 나겠지만 다행히 3학년이 많아서 잘 리드하는 것 같았다.

책을 읽고, 내용을 정리해서 다른 사람에게 표현할 수 있고, 다른 사람의 말을 경청하는 것도 소중한 배움이다.

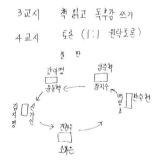

3교시 책 읽고 독후감 쓰기
4교시 토론 (1:1 원탁토론)

1차 11:42 ~ 11:47
2차 11:48 ~ 11:53
3차 11:54 ~ 11:59
4차 12:00 ~ 12:05
5차 12:06 ~ 12:11

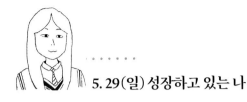

5. 29(일) 성장하고 있는 나

EBS 문제집 중단원 마무리 31문제를 풀었는데, 예전보다 풀기가 쉬워졌다. 내 생각엔 몇 주 전 중간고사 때 꼼꼼하게 문제를 풀은 덕이 아닐까 생각한다. 그때 이후 수학 문제는 거의 안 푼 것 같다. 31문제를 다 풀고 채점을 했는데, 3개 틀렸다. 예전보다는 잘했다. 내가 조금씩 문제 푸는 실력이 늘고 있음이 느껴진다.

5. 30(월) 수학 산출물 전시와 체험의 장

수학 산출물 전시와 체험 활동 코너가 마무리되고 있다. 학생들이 수시로 와서 이것저것 만져 보고 호기심을 보이고 있다. 더러는 부서지는 안타까움도 있지만, 잘 보관하는 것보다는 많은 학생이 체험하고 느껴 보고, 공유하는 것이 진짜 의미 있는 일이기에 수시로 학생 작품을 전시하려고 한다.

이번 주 체험 코너는 다빈치 돔 10가지 패턴 설명서를 비치하고, 홈이 있는 플라스틱 막대로 조립해 보게 했다. 조립하는 것에 관심 있는 학생은 수시로 만들었고, 완성했던 다빈치 돔이 살짝 무너진 것 같으면 쉬는 시간에 와서 보수하는 등 의욕을 보이고 있다.

5. 30(월) 가르치는 것에 대한 고민

수학 시간에 교사는 어떻게 가르쳐야 하는가? 고민하게 되었다. 결론은 입 아프고 지겨워도 반복해서 알려 주는 것이 선행을 안 했거나, 선행을 했어도 제대로 알지 못하는 아이들에게는 꼭 필요하다고 느꼈다. 잘하는 아이들이 조금 지루해하는 것을 감수하고서.

일차식을 배우고 일차식의 덧셈과 뺄셈, 즉, 동류항을 배우기 전에 분배 법칙이 나온다. 교과서의 편집이 혼란스럽지만 이미 분배 법칙은 유리수의 계산에서 배웠는데 문자가 있는 일차식에 적용하는 것이다.

교과서 문제를 6명에게 칠판에 나와서 풀도록 시켜 보았다. 놀랍게도 4명이 틀렸다. 틀린 이유는 2(3a+5)를 16a로 적는 방식으로 틀렸다. 이걸 풀기 전에 어려워할 듯하여 아직 동류항을 배우기 전이지만 EBS 영상 중에 빨간 블록과 파란 블록을 같은 모양끼리 맞추는 것을 보여 주면서 같은 모양끼리만 계산한다는 원리를 보여 주고 설명했었다. 그런데도 그것을 흥미 있게 관심을 가지고 집중하지 않으면 그냥 흘려듣고 만다. 더구나 직전에 배운 단항식의 곱셈이 머리에서 막 섞이는 듯하다. 덧셈과 곱셈은 참 헷갈리는 사촌 지간이다.

다른 아이들은 틀린 아이들을 보고 재미있어하고 서로 알려 주면서 놀리고 시끌벅적하다. 유리수의 계산에 나오는 분배 법칙은 굳이 사용하지 않아도 계산이 되지만 일차식에서의 분배 법칙은 반드시 적용해야 하는데 그 차이를 구분하지 못한다.

주언이가 가끔 수학 문제를 질문하는데 의외로 아주 기본적인 것을 모르고 있다. 학원을 보내지 않아서 불이익을 당하나 싶어 고민되고 속상하다. 선행한 아이들이 많은 것을 감안하여 모둠 활동으로 하면 기초가 선행되지 않은 아이들은 그냥 감각으로 풀고 넘어가지만 사실 정확한 이유를 알지 못하고 넘어가나 보다.

누구한테 묻는 것이 창피하기도 하고…. 그래서 질문이 교과서적이지 않고 비유하는 표현이 나오면 무슨 말인지 모른다. 교사에게 숙제로 남는 문제다!

5. 30(월) 일차 함수 그래프 식 구하기

수학 시간에 일차 함수의 성질에 대해서 자세히 배웠다. 기울기와 한 점의 좌표가 주어진 것으로 함수식 $y = ax + b$를 구하는 것이 있었는데 은근히 헷갈렸다. 다행히 서로 평행한 일차 함수 그래프를 구하는 것은 이해가 잘 되었다.

곧 수학 수행 평가가 있는데 그때까지 열심히 공부해야겠다!

5. 31(화) 부지런함이 주는 열매

학교 4H 도우미 중에 절반 이상이 수학 동아리 활동을 겸하고 있다. 학교생활을 열심히 주도적으로 하는 아이들이 다양한 활동에 참여해서 그런 것 같다.

4H 활동은 인내심과 부지런함의 적절한 관리가 필요하다. 때를 놓치면 모두 망쳐 버린다. 큰 농사를 짓는 것은 아니지만 식물을 키우는 것도 수학 공부하는 것과 맥이 닿아 있는 것 같다. 피튜니아와 고구마를 심고 나서 바로 물을 충분히 주어야 한다. 일주일 치 한꺼번에 홍수 나듯 준다고 도움이 되지 않는다. 날마다 적절한 수분을 유지해야 한다. 가뭄이 있어도 자신의 뿌리로 버텨 낼 힘을 키울 때까지는….

수학 공부도 그렇다. 날마다 조금씩 차곡차곡 잘 지식을 쌓으면 언젠가는 쿵 하면 담 넘어 호박 떨어지는 소리인 줄 알게 되는 날이 온다. 수학에 흥미를 보이는 아이들은 그런 인내심과 부지런함과 적절한 때를 잘하는 아이들이라서 텃밭 활동도 잘하는 것 같다. 부지런히 가꿔서 꽃이 피는 것과 고구마가 주렁주렁 달리는 보람처럼 공부도 그렇게 열매가 맺을 것이다.

5.31(화) 열정이 활활 타오르던 1년 전의 나

오랜만에 1학년 수학 학습지들을 펼쳐 보았다. 그때는 어려웠던 학습지들이 지금 다시 보니 누워서 떡…, 을 먹는 건 위험하니까 앉아서 떡 먹기라고 해야겠다! 어쨌든 정말 쉬워 보였다. 학습지 밑에 적혀 있는 수업 일기를 보면 열정적이었던 내가 떠올라 부끄럽기도 하면서…? 지금은 중학교 생활에 너무 적응해 버린 게 조금 아쉽기도 하다.

학습지를 읽어 보고 수학 숙제를 했다. 활용 문제는 일차 부등식, 연립 일차 방정식 때 많이 풀어 봐서 어렵지는 않았다.

「함께 쓰는 수학 일기」를 읽어 보면 친구들은 자주 수석실에 들러 여러 가지를 하는 것 같던데, 나는 요즘 너무 시간에 없어서 자주 들르지 못해 아쉽다…. 특히 이번 달에 스승의 날 행사, 스포츠 리그전, 연극부 활동까지 있어서 바빴던 것 같다.

함께 쓰는 수학 일기

기말고사가 29일밖에 안 남았는데 아직 부족한 과목들이 많아 더 바빠질 것 같다. 그래서 요즘엔 스터디 플래너를 쓰면서 더 열심히 공부하고 있다. 이번 기말은 정말 잘 봤으면 좋겠지만, 영어와 역사가 너무 힘이 들기 때문에 목표는 평균 80점 이상으로 중간고사 때 과학 서술형을 붙잡고 있느라 객관식 검토를 하지 못하고 문제 제대로 안 읽어서 아쉽게 하나를 틀렸는데 이번에는 그런 실수는 안 했으면 좋겠다.

6월 함께 쓰는
수학 일기

6. 2 (목) 세팍타크로로 공 만들기

주제 선택 시간에 세팍타크로에 대한 경기 방법과 공의 모양
에 대해 영상으로 보여 주고, 플라스틱 띠로 만들어 보는 활동을
했다.

칠판에서 그림으로 그려서 보여주고, 실물로 시범을 보여주면
서 설명하는 중인데, 준영이가 어찌나 눈치가 빠른지 위 아래로
엮어야 한다는 말을 토대로 혼자서 완성하는 것이다. 물론 다른
학생들은 끝까지 설명해도 여러 차례 실패를 했다….

개별적으로 순회하면서 봐주고, 먼저 한 학생이 친구들 도와주
며 겨우 완성했다. 세팍타크로 띠에 꾸미기로 자기가 좋아하는
사람들 이름을 적은 학생이 자신의 세팍타크로 공을 소중하게 여
기는 것을 보니, 똑같은 공인데 애착의 정도가 달랐다. 남학생들
은 세팍타크로 경기하듯이 발로 차면서 즐거워하였다.

6.3(금) 소중히 여기는 마음을 길러 주고 싶다

도교육청 미래인재과 과장님과 수학 담당 김혜정 장학사님이 우리 학교를 방문하셔서 수학 전시장을 둘러보셨다.

여러 지역에 수학체험센터가 있는데 충남 수학체험센터를 지었으면 하는 여론이 나오고 있단다. 우리 학교에 있는 수학 교구들을 모아서 관리하는 곳이 있으면 여러 학교가 같이 공유하면 좋을 것 같다. 잘 보관하는 것보다 부서지고 분실되는 손해를 감수하고 여러 사람이 활용하는 것이 더 의미 있다고 생각하기 때문이다.

그래서 학생들이 만든 작품을 전시하고, 수학 교구를 체험할 수 있도록 내놓고 있다. 그런데 하루도 작품이 부서지지 않은 적이 없다. 매일 아이큐 퍼즐 램프를 재조립하고 있다. 복구가 가능한 것은 번거로워도 재조립하면 되는데, 깨지고 부서지는 것이 나와서 속상하다. 산출물이 부서져서보다는, 누군가 정성을 들이고 시간과 마음을 다한 것을 순식간에 부숴 버리는 학생들의 그 마음이 걱정스러운 거다.

연필 구조물 중에서 작은 빨대로 조립하기가 힘들다. 은용이가 장기간 보존되도록 철사로 고정했는데, 오늘 누군가 풀어서 해체했고 '기사의 여행'은 실을 끊어 놓기도 했다. 범준이와 진권이가 시간과 정성을 쏟아 플라스틱 막대로 조립해 놓은 다빈치 구를 1초 만에 다 부숴 버렸다.

작년에는 전혀 작품에 손을 안 댔는데, 올해 학생들은 너무나 다르다. 어떻게 해야 다른 친구가 정성과 노력으로 만든 것을 소중하게 여기는 마음을 갖게 될까?

　이런 마음을 기르는 것이 진짜 배움의 의미인데, 시험 성적에만 관심을 쏟고, 소중한 것을 지켜 주려는 인성 면을 길러 주지 못하는 것이 너무나 안타깝다.

함께 쓰는 수학 일기

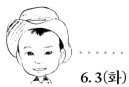

6. 3 (화) 수학 너무 어려운데?

수학을 공부하며 생각했던 것이 '뭔 소린지 모르겠다.'이었다. 학교에서 수학 수업을 듣고 있다 보면 개념에 대해서는 알겠는데 그것으로 문제를 풀려고 하면 어디서부터 시작해야 할 것인지 막막해지고 머릿속이 하얘지는 기분이었다. 영어 문제를 풀 때도 이 정도로 하나도 모르지는 않았는데 참 이상했다. 그러다가도 문제의 답을 보면 어떻게 푸는지를 알게 되는 것을 반복했다. 하지만 시험을 볼 때 '답지를 보고 푼다'라는 말이 안 되는 일을 할 수는 없었다. 문제집에 있는 문제를 보고 있자니 검은 것은 글씨고 하얀 것은 종이라는 말이 이런 것에 쓰인다는 것을 알 수 있는 시간이었다.

학원에 가면 될 수도 있다는 생각이 들었다. 아니 사실 오래전부터 생각해 왔을지도 모른다. 그리고 이 생각이 결심으로 바뀐 것은 중간고사를 본 후였다. 중간고사에서 수학을 말 그대로 망쳤다. 가히 충격적인 점수라 할 수 있었다. 이 점수를 받고 나니 '이대로는 안 되겠다'는 생각이 들어서 학원에 다니기 시작했다. 학원에 다니고 나서부터는 이해가 되지 않던 것이 이해되었다. 학원을 다니지 않아서 그런지 감회가 새롭고 재미도 있었다. 학원이 나에게 잘 맞았던 것이라고 생각했고, 앞으로 수학을 열심히 해야 할 것 같다.

6. 3(금) 울려라~! 독서 골든벨

학생회 학습부 행사로 독서 골든벨이 있는 날이다. 이 행사를 추진하기 위해 '아몬드'라는 책을 여러 번 읽고 문제를 생각해 내서 모으기도 하고 참여율을 더 높이기 위해 홍보도 열심히 했다.

수업이 끝나고 강당에서 골든벨 행사를 진행하기 위해 보드 마카, 지우개, 미니 화이트 칠판을 준비했다. 추가 퀴즈로 줄 상품을 갖고 오고, 다른 부서에서도 도움을 주기 위해 왔다. 다행히 문제 없이 잘 진행되었다. 문제가 끝날 때까지 사람이 남을까 걱정도 했고, 갑자기 다 틀려서 최후의 1인도 없을까 걱정했는데 걱정거리를 날려 버릴 정도로 잘 운영되었다. 이제 끝을 향해 달려가고 있다. 최후의 1인은 3학년 선배였다. 아는 선배여서 더 축하해 드렸다. 그리고 모든 참여자들에게 간식을 나눠 주고 행사장을 정리했다.

행사 참여율이 저조해서 불안했는데 무탈해서 다행이다. 행사를 추진하는 학습부원이라서 참가 자격이 없어서 독서 골든벨에 참여하지 못했다. 내년에도 이런 행사가 있으면 참여해야겠다. 책을 읽고 문제를 푼다는 것이 정말 신날 것 같다. ><

함께 쓰는 수학 일기

6. 3(금) 오랜만에 도장을 찍었다

　컨디션이 좋아서 오랜만에 개념 원리를 풀어봤다. 학교에서는 함수를 배우는데 나는 연립 방정식을 풀고 있으니 내 자신이 답답하고 걱정도 되기도 한다. 하지만 연립 방정식을 안 풀고 함수 단원을 하기도 그렇고, 내가 연립 방정식을 얼마나 알고 있는지도 테스트해 볼 겸 한번 풀어 보았다. 확실히 EBS로 며칠 전에 풀었던 거라 쉬웠다. 그리고 욕심이 생겼다. 내 방에는 문제집 5장 이상 풀면 도장 찍는 종이가 있다. 오랜만에 그 종이에 도장을 찍고 싶어졌다. 결국 5장을 풀고 도장을 찍었다. ^^

6. 5(일) 수학으로 시간 가는 줄 몰랐다

　새벽 2시 23분까지 숙제를 했다. 오랜만이라 그런지 오후에 아빠와 걸은 탓인지 너무 피곤하다. 자고 싶은데 "아, 이거 일기로 쓰자."라는 멍청한 생각을 해 버려서 일기로 쓰고 있다. 숙제 후반에 나오는 문제 2개 때문에 가뜩이나 잘 듯 말 듯한 머리를 굴리고 또 굴려야 해서 힘들었다. 원래는 1시쯤 끝날 줄 알고 '2시까지 책 봐야지 ㅎㅎ'라고 생각했는데 시간이 너무 빨리 가서 못 보게 되었다. 게임 할 때 말고 이런 느낌….

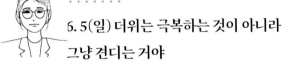

6. 5(일) 더위는 극복하는 것이 아니라 그냥 견디는 거야

시원한 냉커피를 마시다가 문득 2019년 뜨거운 폭염에 독일 뮌헨에서 겪었던 것을 가족들과 이야기를 했다. 뮌헨 도심에 커다란 공원에 많은 사람들이 나무 그늘에 앉아서 쉬고 있는데, 주스 가게에서 생과일을 갈아서 얼음이 없이 팔아서 뜨거운 날씨에 주스가 미지근할 정도다.

가이드에게 들은 이야기가 독일 사람들은 얼음 든 음료를 먹지 않는단다. 그래서 외국에서 들어온 스타벅스에서도 냉커피를 팔지 않는다고 한다. 식당에 가도 얼음 같은 찬물이 나오지 않는다. 그렇게 푹푹 찌는 날 호텔에 갔는데, 에어컨이 전혀 설치되어 있지 않았다는 이야기를 들려주었다.

딸이 하는 말이 독일 드라마에서 두 사람이 대화를 하는데, '날씨가 너무 더워서 어떻게 극복하지?'라고 했더니, '더위는 극복하는 것이 아니라 그냥 견디는 거야.'라고 하더란다. 독일 사람들은 더위를 이기기 위해 에어컨이나 차가운 얼음물을 찾는 것이 아니라, 그냥 견디는 거로 인식하고 있단다.

우리나라보다 습도가 낮다고는 하지만, 그날처럼 푹푹 찌는 더위도 있는데, 독일 사람들은 에어컨을 사용함으로써 탄소가 발생되어 지구 환경이 위험하게 되지 않도록, 더위를 견뎌 내는 것이 국민 전체의 정서인 것 같다.

우리나라는 당장 내가 더우면 무조건 에어컨을 켜야 한다고 생각하고, 긴소매를 입고 와서 쾌적하게 있고 싶어서 하루 종일 에어컨을 켜야 한다고 생각한다. 탄소 발생 같은 것은 지금 당장 겪는 것이 아니니까 아무리 이야기해도 실천하려는 의지와 연결되지 않는다. 우리가 발생시킨 탄소가 우리나라만이 아니라 지구인 모두에게 피해를 줄 것이고, 독일 사람들이 그렇게 더위를 견디면서도 탄소 배출을 막으려고 애쓴 덕에 우리나라도 혜택을 보게 된다.

이렇게 이기적인 우리나라 유전자가 부끄럽고, 그렇게 삶 속에서 올바르게 살아가는 사람들이 지구상에 존재한다는 것이 너무도 감사하다.

6. 6(월) 캠핑장에서 뭘 바라는 거야?

캠핑하기 좋은 날씨에 일 년에 두세 번 캠핑을 가는데 이번 연휴에 하게 되었다. 거리 두기가 해제되면서 예약하기가 너무 어려워 원래 가고 싶었던 태안 바닷가 캠핑장에 못 가고 홍성 세울터 오토 캠핑장에 갔다. 나무의 키가 안 맞아 땡볕일 것 같았는데 다행히 우리는 좀 일찍 시작해서 넓고 그늘이 있는 곳에 지리를 잡았다.

주언이와 친구들(공유찬, 진성윤, 한권영)이 함께 하는 캠핑으로 컨셉을 잡았다. 놀이에 수학을 접목하여 도블, 루미큐브, 마라케시를 준비해서 미니 대회를 하려고 했으나 수포로 돌아갔다. 더

위와 벌레(대부분 파리, 가끔 알 수 없는 곤충들, 그리고 간혹 왕탱이라고 부르는 왕벌 등) 때문이다. 금요일 저녁부터 토요일 저녁까지 24시간 동안 벌레와의 전쟁을 보는 것 같았다. 요즘 아이들 모두 이렇게 벌레를 극혐하는 것을 새롭게 알게 되었다. 먹고 자고 먹고 자고 하는 것이 캠핑을 진정으로 누리는 거라 생각해서 수학 찾기를 강요할 수 없었다.

또 하나 놀라운 것이 있었다. 사춘기 아이들의 사적인 대화를 오래 지켜본 적이 없었는데 이번에 들어 보니 20~30초 말하는 동안 서로 다른 내용 3~4가지 종류를 인용하며 비유적으로 재미있게 대화하는 거였다. 그리고 연결성이 없다가 이어지고 나노 단위로 생각이나 감정이 전환되었다. 독서한 내용이 많지는 않았지만 영화나 경험했던 것, 배웠던 것을 아주 섬세하고 정확하게 비유하는 것을 보고 새삼 놀랐다. 또 게임에 나오는 용어를 많이 사용해서 외국어를 듣는 것 같았다.

세대 차이는 극복할 수 없다. 서로 다름을 인정하고 평안을 누릴 수밖에…. 이런 아이들에게 어떻게 수학을 가르쳐야 할지…. 좋아하지 않는 공부를 재미있게? 교과서를 재미있게? 많은 경험

함께 쓰는 수학 일기

을 해 보도록 하는 것이 가장 좋을 것 같다. 지루한 것을 못 참는 아이들이 인내심을 기를 수 있는 교육과 함께….

6. 6 (월) 캠핑장에서도 엄마 땜에 머리에 쥐가 난다

캠핑 가서 수학을 적용할 수 있을 만한 것이 어디 있을까 찾아보았더니 텐트의 폴대와 줄이 기울기를 구할 수 있었다. 줄의 모양을 보아하니 왼쪽 위에서 오른쪽 아래로 가는 것도 있고 그 반대로 가는 것도 보였다. 길이를 직접 재 보거나 하지는 않아서 기울기를 구할 수는 없었지만, 대충
알 수 있었던 사실은 폴대가 똑바로 서려면 양쪽의 줄의 기울기는 같지만 부호는 정반대가 되어야 한다는 것을 알게 되었다. 엄마 때문에 굳이 캠핑을 가서 수학을 찾아야 하는 생각이 들었다. 그래도 겸사겸사하는 거라 심심하진 않았다.

6. 7 (화) 의자 쌓기 체험 활동 도전

그동안 수학 홈 베이스에 체험용으로 다비치 돔을 비치했었다. 잘 만드는 학생들이 있는가 하면 다른 친구가 만든 것을 함부로 부수는 학생이 있어서 만든 학생이 늘 안타까워했다.

이번에는 의자 쌓기를 내놓고, 30개 이상이면 초코파이를 주겠다고 했고, 도전용으로 의자 쌓은 기록판을 비치하였다. 어렵지 않게 할 만한지 많은 학생들이 호응하며 도전하였다.

6. 7(화) 우리 지역의 미용실 수를 구할 수 있다고?

'페르미 추정'을 배우고 적용했다. 문제를 지식과 논리로 추론하여 근사치를 구하는 것이다. '홍성의 미용실의 수는 얼마일까?' 간단하게 풀어 보았다.

인구수를 10만 명으로 잡고, 하루에 미용실을 가는 인구를 30으로 나누어서 3,300명으로 잡는다. 미용실은 한 달에 월세 200만 원, 최저시급 200만 원, 이익 400만 원이 필요하니 총 800만 원을 벌어야 한다고 가정을 할 때, 하루에 미용실은 30으로 나누어서 27만 원을 벌어야 한다고 가정한다. 미용실 가는 인구를 예상했던 3,300명을 27로 나누면 약 122(미용실의 수)가 나온다. 이런 식으로 근사치를 구하는 것이다.

상식과 수학을 함께 써 가면서 문제를 풀어 가는 것이 참 멋진 방식인 것 같다. 수학 교과서 안에서는 문제를 해결하는 것을 하고, 그것을 생활에 활용하는 것이 진짜 수학을 배우는 의미라고 생각한다.

6. 8(수) 내가 선생님이 된 것 같다

수학 시간에 이항을 배웠는데 앞에 있는 친구가 이항이 무엇이냐고 물어봤다. 친구에게 알려 주고 어떻게 하는지도 알려 줬다.

내가 그 친구의 선생님이 된 것 같았다. 그 친구가 이해하고 할 수 있어서 뿌듯하고 기분이 좋았다. 나중에 또 친구가 물어보면 잘 알려 줘야겠다.

6. 9(목) 수학 동아리 학생들의 학교생활

아침에 등교하는 후문에 시현이가 나와서 캠페인을 하고 있었다. 학생회에서 주관하여 정문, 후문, 중문에서 당번을 정해서 일주일씩 하기로 했단다.

수시로 대형 만년 달력이 이상하게 배치되어 있으면 수정하고, 학생회, 방송반, 4H 활동도 하면서 학교의 요모조모를 챙기며 풍성하게 학교생활을 하는 모습이 너무나 기특하다.

점심시간에 시현, 지우, 영서가 와서 공명쇄 구조물을 조립하며 이야기를 나눴다. 교사가 강의식으로 자세히 설명하는 것이 너무나 이해가 잘된다는 시현이, 활동하는 수업이 더 이해가 잘된다는 지우, 수업 시간에 샘이 설명과 활동하면 많이 배우기는 하는데, 수업 끝나고 나면 학생들이 집중하느라 지쳐서 쉬는 시간에 모두 쓰러진다는 영서~ 공부에 관심이 있는 성실한 모습은 모두 같은데, 학습하는 방법은 다양하다.

6. 10(금) 교사의 우상 숭배

요즘 〈팀 켈러〉의 〈내가 만든 신〉이라는 책을 읽고 있다.

종교가 기독교라서 하나님 외의 신을 숭배하지 않지만 이 책은 현대인의 삶을 꼬집고 있는 것 같다. 종교도 아닌데 하루 종일 그

것을 생각하며 온 마음이 좋았다 흐렸다 하고 죽고 싶다는 등의 생각을 하는 것을 문제로 삼고 있다.

여러 가지 내용 중에 나에게 망치로 치는 것 같은 구절이 있었다. 〈타인의 삶을 고치는 데 인생의 의미를 거는 것을 흔히 상호 의존이라 부르지만 사실은 그것도 우상 숭배다〉.

직업이 교사이기도 하고 정리되는 것을 좋아해서 주변 사람이 이렇게 되었으면 좋겠다 하는 성격이 강하다. 그래서 조종하는 듯한 말과 행동을 많이 하는 편인 것 같다. 이런 행동이 우상 숭배가 될 수 있다니…. 특히 가족들이 나하고 안 맞는다고 고치려고 하는 경향이 있는데, 그들을 '있는 그대로 사랑하고 도와주고 해야 하는 거였어?' 교사로서 아이들을 바라볼 때도 여러 가지로 생각해 볼 일이다.

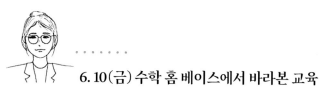

6.10(금) 수학 홈 베이스에서 바라본 교육

수학 홈 베이스에 체험용 의자 쌓기(균형 잡기)를 비치했더니, 많은 학생들이 도전해서 성공한 환희의 함성과, 무너져서 속상한 탄식 소리가 종일 수석실까지 들린다.

도전을 통해 끈기와 집중력뿐 아니라, 기쁨과 자신감을 경험하게 해 주고 싶었는데, 체험용 의자가 밟혀서 부서지는 것이 계속 나온다는 것을 보니 누군가에게는 실패한 경험을 제공한 것이 아닐까 걱정이 되었다. 단순한 장난기인지도 모르겠지만, 자신의 실패에 대한 스트레스를 체험용 의자를 부수며 풀고 있는 것은 아닌지 걱정이 된다.

더군다나 오늘 방과 후에 2학년 3개 반이 남아서 단합을 한다면서 수학 전시장에서 뛰어다니며 장난치는 소리가 나는데, 전시장이 아수라장이 될까 봐서 걱정되었다. 애써 만든 것이 부서지는 것도 속상하지만, 공공 물건을 아끼면서 규칙을 지키는 어른으로 성장하도록 돕고 싶은 것이 더 우선이다.

더불어 모두가 행복하게 살아가는 것보다 나만 잘되면 된다고 여기는 학생들이 자라난다면 우리의 교육은 어디로 향해 가게 될지 두려웠다. 시험 문제를 풀 때 이론으로만 사용하고, 실생활에서 실천으로 이어지지 않는 우리 교육의 아픔이다.

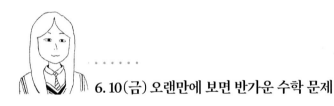

6. 10(금) 오랜만에 보면 반가운 수학 문제

청소 시간에 1층 로비에서 빨간 셔츠를 입은 장 샘을 뵈었다. 초등학생 때 넷볼과 외발을 지도해 주신 선생님이었다. 초등학교 샘을 중학교에서 보다니 무척 반갑게 느껴졌다.

오랜만에 수학을 풀고 싶어서 문제집을 펼쳤다. 이미 학교 진도보다 뒤처진 상태고, 아는 내용이라서 그리 어렵지는 않아서 반가웠다. 사람도 오랜만에 보면 반가운 것처럼 문제도 가끔 푸니까 재밌었다. 물론 기말을 앞두고 있을 땐 이렇게 하는 게 좋진 않지만 그래도 내가 원해서 하니 집중도 더 잘되고 스트레스도 거의 받지 않아서 좋았다.

6. 14(화) 감사하며 견디며 응원하며 기대어 살아가자

충남 도서관 야외무대에서 저녁에 홍성군립합창단 연주회가 있어서 가족들이 모두 나섰다. 여름을 향해 가던 날씨가 오늘따라 비가 부슬부슬 내리면서 도로 겨울을 향해 가는 듯 추위를 느껴서 두꺼운 옷을 꺼내 입고 갔다.

코로나 이후 이런 모임이 너무나 반갑고 그리웠기에 많은 사람들이 관람하러 왔다. 비가 오고, 기온이 내려가서 혹시나 실내로 장소를 바꾸지 않을까 하는 생각을 했는데, 이미 조명이랑 대형 모니터를 비롯한 음향 시설을 설치했기에 빗속에서 연주회를 추진해야 할 여건인 것 같았다.

관람객에게 우비를 나눠 줘서 우비를 입고 의자에 앉았다. 그래도 우비가 바지랑 신발은 가려 주지 못해서 한기가 느껴지는데, 합창단 단원들은 소매도 없는 얇은 합창단 복을 입고 의연하게 합창을 하고 있었다.

꽃 이야기를 주제로 하는데, 곡도 좋고 목소리가 너무나 아름다워서 그 자리에 내가 있다는 것이 행복했다. 추위를 견디며 피어나는 꽃처

럼 추위 속에서 피어오르는 아름다운 하모니였다.

문득 〈타이타닉〉 영화가 생각났다. 배가 가라앉기 시작하자 승객들이 불안과 공포 속에 아수라장이 되었다. 실내악 연주자 8명은 계속 연주하여 사람들의 혼란을 수습하고 안정을 받게 하였으며, 이 세상에서 마지막이 될 많은 사람들을 위로하였다.

영화처럼 빗속에서 의연하게 노래하는 합창단원들과 비를 맞으면서도 꿋꿋이 앉아서 자리를 지키며 응원하는 사람들이 너무 든든하고 마음이 뭉클했다. 우리는 이렇게 서로 견디며, 응원하며, 감사하며 서로 기대어 살아갈 것이다.

6. 15(수) 샘~ 저 이제 풀 수 있어요

일차 방정식 풀이 둘째 날이다. 지금 기초를 잡지 못하면 앞으로 2, 3학년과 고등학교 수학을 따라가기가 어렵다. 그래서 몇 차례 수업 중 형성 평가에서 아직 이해를 못 하는 학생들을 남겨서 문제를 풀 때까지 배우도록 했다.

8반은 어제 이미 기초 문제를 모두 해결했으니 오늘은 거의 다 해결할 것 같아서, '씨앗, 새싹, 쑥쑥, 꽃, 열매'로 수준을 두고 만든 학습지를 배부했다.

도움을 받고 싶은 학생들을 먼저 손을 들어 보라고 해서, 누구에게 도움을 받고 싶은지 물어서 그 학생과 연결을 시켜 주었다. 학습지를 풀고 나면 확인해서 사인할 학생 5명을 지정하고, 나는 이해가 늦은 A의 옆에 의자를 놓고 앉아서 헷갈리는 부분을 다시 설명하면서 천천히 5문제를 푸니까 이해를 하는 것 같았다.

다음으로 챙겨 봐야 할 C의 옆에 의자를 놓고 혼동하고 있는 부분을 설명하고 몇 문제 같이 풀었더니 이해하는 것 같다. 가영이에게 C가 문제를 풀게 계속 붙어 있으라고 했더니, 수업이 끝날 때쯤 C가 소리친다. "샘~ 저 이제 풀 수 있어요." 얼마나 반가운지 그 말이 음악 소리 같고, 향기가 나는 것 같았다. 그동안 자꾸 수업 중에 엎드려서 수업을 잘 들으라고 여러 번 깨웠는데, 아무리 설명을 들어도 이해되지 않았나 보다. 이제 알 만하다는 생각이 드는지 오늘 수업 시간에는 계속 문제 풀이에 매달려서 하더니, 역시 배워서 알게 되는 것이 얼마나 기쁜 일인지 경험을 하게 된 것 같아 가영이와 C가 너무나 고맙고 한없이 예뻤다.

9반에서는 며칠째 E에게 가서 집중 설명을 했다. F도 들여다보고 기초를 잡아 줘야 할 것 같아서, G를 E와 연결을 시키면서 E가 알 때까지 계속 붙어 앉아 있으라고 했더니 "E가 너무 답답해요. 아무리 설명해도 몰라요." 한다. "아니야, E가 계산을 정확하게 이해하고 있어. 시간이 걸리더라도 천천히 기다려 주며 원리를 설명하면서 도와주면 잘할 거야."라고 격려하고 F에게 설명하러 갔다.

수업 끝나기 5분 전에 오늘 배운 유형으로 딱 1문제만 형성 평가를 했다. 시험이라는 긴장감 탓에 실수를 하는 것은 인정하는데, 아직도 원리를 모르는 학생이 여전히 나온다. 코로나 상황에서 초등학교 때 기초를 놓친 학생들이 많은 것 같다. 예전에는 성취도를 달성하지 못한 학생이 한 반에 6~8명 정도였는데, 올해는

10~12명 정도가 나온다.

간단한 것은 나오라고 해서 바로 그 자리에서 틀린 이유를 설명해 주면 바로 헷갈리는 부분이 무엇인지 확실하게 알게 되는 효과가 있는데, 아직도 길을 못 찾는 학생이 5명이 있다.

놀라운 것은 오늘 설명한 E와 F가 문제를 맞혔다는 것이다. E는 자신이 혼자 풀어서 통과되었다는 사실에 너무나 놀라서 눈이 커진 표정을 보니 정말 기분이 좋았다. 친구들은 아는 걸 나만 몰라서 포기했는데, 배움에 참여해서 알게 되었다는 것이 얼마나 즐거운 일인가! 단 1명도 배움에서 멀어지지 않고 배우는 즐거움에 참여하기를 바라는 마음이다.

6. 16(목) 행복한 등굣길 연주회

요즘 장마철처럼 날씨가 흐리다. 그렇다고 비가 주룩주룩 오지는 않고. 그런 아침 등굣길의 우울함을 달래 주려고 김선수 음악 선생님이 중앙 현관에서 등굣길 연주회를 하신다.

어제는 전자 피아노 연주를, 오늘은 우쿨렐레 연주와 함께 노

래를 불러 주신다. 이렇게 행복하게 아침을 열어 주는 우리 학교가 너무나 포근하게 느껴진다.

6. 17(금) 친구들의 중재는 힘들어

수학 주제 선택 시간에 네모네모 로직을 했다. 처음에는 어려웠는데 계속해 보니 재미있었다. 초급을 통과하고 중급을 받아서 하려니 선생님께서 말씀하신 것과 같이 초급보다 훨씬 어려웠다. 내가 중급 단계를 하고 있는데 대각선에 앉은 친구가 모르겠다고 해서 도와줘야겠다고 생각했다. 그때 다른 친구들 3명이 와서 도와주기에 내 자리로 돌아왔는데, 잠시 후 그 친구들이 너무 시끄러웠다. 선생님은 친구들이 푼 것을 확인하며 다른 친구들에게 방해되지 않도록 조용히 하라고 하셨지만 대답을 하고는 또 시끄러웠다. 그 친구들은 쉬는 시간이 되자마자 교실에서 나가서 다른 친구들과 놀기 시작하더니 수업 시작 종이 울리자 다시 모여서 시끄럽게 말하고 있었다.

떠드는 소리가 신경이 쓰여서 중급을 해결을 못 하고 있는데, 친구들 중에서 몇은 고급 단계를 풀고 있고, 몇몇 친구들은 다른 친구들 것을 베끼고 있었지만, 나는 스스로 풀고 싶어서 계속 도전했다.

갑자기 비명 지르는 소리가 들려서 알아보니 4명 중에서 2명의 친구가 장난으로 머리카락을 잡고 있어서 좇아가서 화해시켰다. 서로 가르쳐 주고 배우라고 주어지는 시간을 의미 없이 보내는 친구들이 있어서 너무 아쉽다.

6. 17(금) 수학 홈 베이스 체험 활동에 거는 기대

두 주간 수학 홈 베이스에 비치한 체험 활동이 [의자 쌓기였다. 30개 이상을 쌓아야 하는데, 하루에도 자신의 기록을 갱신하며 몇 번씩 도전한 학생, 매일 와서 해도 한 번도 기록을 못 내서 초코파이를 못 받은 학생….

자신의 기록에 물이 떨어져서 번졌다고 확실하게 다시 써 달라고 하는 학생이 있었다. 겨우 종이에 써서 책상 위에 붙여 준 기록판인데, 자신의 기록에 대한 애착이 있는 모습을 보면서 학생들이 자부심을 경험할 수 있는 방법을 찾아보려 한다.

그런 우리의 추억을 남기고 다음 주부터는 또 다른 체험으로 교체해야겠다.

수학 전시실에 비치한 [24×24 기사의 여행]에 누군가가 부딪

처서 못이 빠지고, 실이 풀리고…. CCTV를 확인하면 찾을 수 있 겠지만, 그렇게 해서 실수한 그 학생이 더 스트레스가 커지는 것 은 원하지 않아서 결국 다시 못을 박고, '기사의 여행'실을 감았 다. 학원 수강을 안 해서 시간 여유가 있고, 손놀림이 정확하고, '기사의 여행'에 대한 공간 감각이 있어서 길을 잘 찾는 주언이를 불러서 다시 완성하였다. 내일 캠프에 참여하는 준호, 은용, 선민 이가 와서 자신의 작품만 훼손된 것을 보면 속상할 것 같아서 오 늘 반드시 완성하고 싶었는데, 주언이의 도움으로 원상 복구가 되었다.

6. 18(토) 6월 주말 수학 캠프

6월 주말 캠프는 기말고사를 앞두고 있어서 참여율이 저조할 세라 걱정했는데 75명이 참석하여 9개 팀으로 구성했다.

졸업생 연제욱, 안은용, 이준호, 신비, 김선민은 멘토로 각 팀 에 배치하고, 수학 교사는 전은경, 이기낭, 김현우, 이미란 4명이 함께했다.

수업 시간에는 그래비트랙스 1set로 2명이 활동했는데, 캠프에 서는 3개의 set를 7~8명이 함께 크게 만들도록 체육관에서 실시 했다. 아무런 설명도 없었는데도 이렇게 저렇게 시도하면서 다 양한 길을 만드는 모습이 너무나 대견하고 예뻤다.

구슬이 도착하는 데 30초 이상이 미션이었고, 완성 후에는 모든 학생들이 모여서 각 모둠의 장치가 구동되는 것을 지켜보는 공유 시간을 가졌다. 시간을 재서 어느 모둠이 가장 길게 가는지 기록을 재었는데, 1모둠이 40초로 가장 길었고, 너무나 디자인이 좋은데 도중에 계획대로 안 되어서 멈추는 아쉬움에 탄성을 지르는 모둠도 있었다. 친구들이 지켜보면서 자기 모둠 것을 영상으로 찍고 있으면, 그 팀 학생들이 성공하기를 너무나 가슴을 졸이면서 기도하는 모습조차 예뻤다.

다음 주에 기말고사가 있는 동아리 선배 고등학생들이 참여한 것이 정말 대견하다. 우리 학교는 11일이나 시험이 남았는데도 시험 공부를 하느라 캠프를 참여 못 하는 학생들이 많다. 그런데 며칠 안 남았는데 캠프에 와서 머리를 식히는 고교 은용, 준호, 신비, 선민이~

신비는 핸드폰에 생물 암기 항목을 넣어 두고, 짬짬이 외우고 있었단다. 용어가 어려워서 무조건 외우느라 힘들어하면서도 그 끈을 놓지 않고 외우고 있는 모습이 짠했다.

멋지게 골드버그를 만든 것이 너무 기특하다. 그러나 오히려 실패를 한 친구들이 더 많은 생각을 하고 성장할 것 같다.

이번의 활동이 학생들에게 잠재적으로 남아 있어서, 자신의 성장을 위한 버튼이 되어, 살아가면서 자신의 잠재력을 끌어올리는 힘이 되리라 믿는다.

함께 쓰는 수학 일기

6. 18(토) 처음으로 도서관에서 공부하다

영서랑 충남 도서관에서 수학 문제집을 풀었다. 처음으로 도서관에서 하는 공부였다. 넓은 책상에 띄엄띄엄 앉아서 하는 공부는 편하면서도 새로웠다. 드라마나 경험담으로 듣던 공부를 내가 직접 한 것이다! 3시 20분부터 6시까지 계속 앉아서 공부했더니 엉덩이에 불이 나는 것 같았다. 그럴 때마다 일어나서 잠깐 주변을 걸었다. 후반부에 졸음이 쏟아져서 자려다가 의지로 버텨 냈다.

함수 문제를 푸는데 양초 문제를 못 풀었다. 여러 번 생각했지만 풀리지 않았다. 알 듯 말 듯 너무 답답했다.

6. 20(월) 친구에게 문제 풀이를 도와주니 내가 더 즐겁다

수학 시간에 모둠끼리 돌아가면서 문제를 풀고 채점해 주었다. 문제를 다 풀고 친구들이 했는지 확인하는데 혼자 끙끙대는 친구기 있어서 도와줬다. 한 번 알려 주었는데 혼자서 다른 문제도 잘 푸는 것을 보니 뿌듯했다. 자주 느끼는 건데 친구들이 어려워하는 문제를 푸는 것을 도와주면 그 친구가 좋아하는 것보다도 내가 즐겁고 기분이 더 좋으며 뿌듯하다.

6. 20 (월) 느린 학습자에 대한 개별 지도

일차 방정식 풀이를 4명 모둠 활동으로 활동지를 제작해서, A가 1번 문제를 풀고, 오른쪽으로 돌리면 B가 채점을 하고, 다시 오른쪽으로 돌려서 C가 2번 문제를 풀고 오른쪽으로 돌려서 D가 2번을 채점해서 원래로 돌아오면 이번에는 왼쪽으로 돌리면서 문제를 풀고, 다른 친구가 채점하는 방식으로 문제 풀이를 했다.

이후에는 난이도 있는 분수 문제 8개를 주고, 푸는 속도가 달라서 빨리 푼 학생은 이해 못 한 친구를 도와주면서 같이 풀라고 했다. 학생들끼리 협력하여 문제를 해결하고 있어서, 교사로서 나의 손길은 학습 이해가 느린 P에게 가서 7분 정도 설명했더니 결국 계수가 분수인 일차 방정식 풀이를 해결하였다. 다음으로 Q에게 가서 또 설명해서 성취 목표에 도달할 때까지 있었다.

우리 학교 학생들은 1:1로 집중적으로 설명하면 결국 이해한다. 물론 나중에 흔들리기도 하지만, 스스로 문제를 풀 수 있을 때까지 여러 번 개별적으로 설명하면 누구나 통과한다.

수업 종료 5분 전에 본시 학습 성취도를 확인하려고 형성 평가한 문제를 제시했다. 누구나 실수는 하는 법이라서 틀리는 학생이 3명 정도 나오리라 예상했는데, 일차 방정식 풀이법을 알면서도 계산 실수 하는 학생을 포함하여 8반에 9명(26%), 9반에 7명(21%)이 나왔다. 오늘은 출장이라서 내일 방과 후에 남아서 공부

함께 쓰는 수학 일기

해서 통과해야 한다고 명단을 칠판에 적었다. 내일 모든 학생이 통과할 거라고 믿는다.

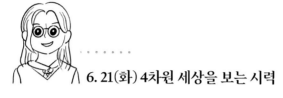

6. 21(화) 4차원 세상을 보는 시력

수학 자유 학기 주제 선택으로 〈플랫랜드〉 영화를 보고, 글쓰기를 하였다. 선생님께서 수학적인 차원뿐만 아니라 세상을 더 넓게 볼 수 있는 영화라고 하셨다.

친구 관계도 중요하나 인생에는 또 다른 관계가 있다는 것을 생각하게 되었고, 주인공 사각형이 3차원 세상을 보고 더 넓은 세상을 깨달은 것처럼, 나도 더 넓게 보고 새로운 것을 보는 시력을 길러야겠다.

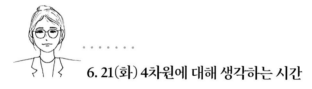

6. 21(화) 4차원에 대해 생각하는 시간

〈플랫랜드〉 영화를 보여 주고 학습지는 영화 속 이야기(점, 선, 면, 입체에 대한 이해), 1. 인상 깊은 대사, 2. 내가 주인공이라면, 3. 소감을 작성하도록 구성하였다.

인상 깊은 대사로 준영이는 '당신은 3차원을 눈으로 보아야 믿을 수 있습니까? 수학과 논리 상상력을 써서 진실을 밝히세요.'

를, 민성이는 '당신의 호기심은 눈으로 보이는 곳만 갈 수 있습니까?'를 포착해서 표현했다.

6. 22 (수) 내가 진정으로 되고 싶은 것은…

점심시간에 수석실에 2학년 남학생 6명이 들어와서 보드게임을 하면서 이야기를 한다. 오늘 처음 온 K가 하는 말이 자꾸 생각난다.

"내가 뭐가 되고 싶은지 꿈을 말하라고 했는데, 그것은 나와 전혀 관계가 없는 그냥 말이었어. 너희들은 어땠어? 난 그저 좋은 직업을 말하는 거지 내 꿈과는 전혀 관련이 없었어."

우리 교육의 아픔이다. 정말 내가 어떤 사람인지, 내가 무엇을 좋아하는지, 내가 하고 싶은 것이 무엇인지에 대한 자기 이해를 바탕으로 꿈을 설계하고, 그것을 지지해 주어야 한다. 그러나 꿈은 높게 가지라는 말로, 자기와 관련 없는, 허황된 말로 자신의 꿈을 표현하도록 요구하고 있었다.

하나하나 소중한 인격체로 자라기를 바라는 것은 이론이고, 왜 우리는 최고나 인정받는 것들을 목표로 말해야 할까?

진정한 자신과 만나는 것을 방해하고 있는 것은 아닐까….

6. 23 (목) 아무도 배움에서 멀어지지 않도록

총 8문제를 문항당 학생 수만큼 35장씩 잘라서 준비하고, 모둠별 지정된 한 문제씩만 풀되 다른 친구에게 교사가 되어 가르칠 수 있도록 연습하게 했다. 두 명은 교사가 되어 남고, 두 명은 학생이 되어 다른 모둠을 돌면서 문제를 풀고, 교사인 학생은 찾아온 학생에게 우리 모둠이 풀었던 문항 카드를 주어 풀게 하고, 못 풀면 도와주고, 풀이한 결과를 확인하여 뒷장에 피드백을 써 주는 [친구 선생님 프로젝트] 활동을 했다. 열심히 설명하고 기특하게 피드백을 써 주는 모습이 예뻐서 사진을 찍어서 학급 온라인 전시장에 올렸다.

8반은 형성 평가에서 통과 못 한 학생들의 추수 지도를 위해 방과 후에 갔더니 아파서 조퇴한 친구를 제외하고, 8명이 모두 기다리고 있었다. 준비해 간 문제를 풀어서 맞히면 바로 집으로 보내기로 했는데, 학생들이 풀어서 확인받으러 온 것을 보면, 이항하면서 숫자가 이유 없이 바뀌고, 이항하고 부호가 안 바뀌고, 계산을 실수하는 등등 헷갈리고 있었다.

결국은 7명이 모두 문제를 풀게 되었고, 마지막 A는 아직 길을 못 찾은 것 같아서 문제를 더 주고 지세히 설명했더니, "이하!" 하면서 확실히 이해한 것이 느껴졌다. 결국 8반 학생 모두 방정식 풀이를 할 수 있게 된 것이다.

내일부터는 방정식의 활용을 나가겠다고 했더니, 좀 더 문제를 풀어서 확실히 하고 싶다며 방정식 활용에 대해 미리 겁을 내고 있다. 괜히 선행 학습을 하고서 방정식의 활용을 어려워하는 것이 안타깝다.

6. 23 (목) 방정식 브루마블이 인생이다

1학년 교과 내용 중에 가장 신경 쓰이는 단원이 일차 방정식이다. 반복되는 학습에도 해결되지 않는 유리수의 계산을 간과할 수 없고 기본적인 일차 방정식을 푸는 방법은 타 교과의 다양한 영역에서 문제 해결의 키가 되기 때문에 더욱 중요하다. 그래서 작년에 준비했던 게임을 또 했다. 일차 방정식과 브루마블을 콜라보 한 것이다.

작년보다 감정 표현에 적극적인 올해 1학년은 대.단.하.다. 학급의 차이는 있지만 교실이 폭파되는 줄 알았다. 방정식을 풀어서 해가 양수이면 그 수만큼 전진. 음수이면 후진. 0이면 제자리. 식이 없는 꽝도 있다. 거기에 올라가는 사다리와. 내려오는 미끄럼틀까지…. 우리 인생을 보는 것처럼 울고 웃게 한다. 꽝이 감

함께 쓰는 수학 일기

사하기도 하다. −18이 나왔는데 사다리가 나와서 더 높이 올라가기도 한다. 그래서 우리는 인생을 열심히 살고 눈을 감는 순간까지 포기해서도 안 되고 절망도 안 된다. 마지막 49에서 벗어날 때까지 끝난 게 아니다.

일 차 방 정 식   브 루 마 블

카드를 잘 섞어 뒤집어 놓는다

가위바위보로 순서를 정한다, 종이 접은 것을 선택한다

카드를 뽑아 계산해서 나온 해 만큼 접은 종이를 움직인다
(해가 양수이면 전진, 음수이면 후진한다, 0은 제자리, 꽝도 있다)

일차방정식을 잘 풀지 못하는 친구를 도와준다

끝나는 곳에 사다리가 있으면 올라가고, 미끄럼틀이 있으면 내려간다
겹치는 것은 상관없다 - 윷놀이 아님

도착지점을 가장 먼저 통과하면 이긴다 (49번에서 끝나는 것 아님)
1,2,3,4등을 가릴 때까지 게임을 한다 (조별 미션을 정한다)

---

6. 24(금) 마지막으로 담임했던 제자들과 데이트

마지막으로 담임을 했던 제자들 중에서 스승의 날에 못 찾아뵈었다며 찾아왔다. 성찬이가 커다란 수국 꽃다발을 한 아름 안고 있는데, 중학교 1학년이었던 모습에서 대학을 졸업한 숙녀 티가 물씬 난다. 이어서 다현이가 오고 셋이서 추억이 쏟아져 나왔다.

- 생애 처음으로 샘이랑 서산 수학 축제 부스를 운영한다며 외

박을 했어요.

- 송이접기 다면체 국제 수학 교구 전시회에 선정되어서 서울 코엑스에 많은 박스에 담아 들고 가서 전시했어요.
- 서울 수학 축제에 부스를 운영하러 재료 챙겨서 무거운 박스를 들고 지하철 타고 가다가 샘과 떨어져서 정말 놀랐어요.
- 샘이 학생들 정서에 맞춘다면서 우리랑 수학 교과서 만들었어요.
- 종례할 때 반 전체가 리코더 연주를 했어요. 그 영상 지금도 있어요.

중학교 1학년 때와 말하고 행동하는 분위기가 너무 같아서 11년의 시간을 건너뛰었다는 것이 실감 나지 않았다. 잊고 있던 기억들을 하나씩 들춰내서 많은 생각을 하게 했다.

중학교 추억이 많고, 고등학교는 그냥 공부만 신경을 써서 추억이 별로 없고, 중학교 수학은 좋았는데 고등학교 수학은 너무 힘들었다면서, 그런 학생들의 생각을 반영해서 교과서가 만들어졌으면 좋겠다고 한다.

다시 생각해도 학생들이 만드는 교과서가 정말 의미 있다고 생각된다. 그런 시도와 고민이 지금의 나를 만들어 온 것 같다.

6. 24(금) 역사책에서 발견한 수학

기말고사가 얼마 남지 않아서 학교에서 역사 공부를 했는데, 60진법과 고대 숫자에 대한 것이 있었다. 1학년 때 바빌로니아 숫자가 60진법이라서 그 숫자로 여러 가지 수를 표현하는 활동을 했는데, 역사에서 60진법을 보니 남다르게 느껴지고 친근하고 반가웠다. 수학 교과의 내용을 알수록 역사 교과의 내용을 충분히 이해하고 더 많이 깨닫는 것을 보니 '아는 만큼 보인다'는 말이 실감 났다.

빨리 시험이 끝나고 의미 있는 수학 동아리 활동을 더 많이 해야겠다.

6. 24(금) 수학 독서 신문 만들기

수학 주제 선택 시간에 수학 관련 책을 읽고, 신문 만들기를 했다. 아무래도 지금 학교에서 하는 수학이 방정식과도 관련이 있고, 내가 방정식에 대해 좀 더 알고 싶어서 방정식과 관련이 있는 부분을 읽었다. 읽다 보니 방정식의 역사를 많이 알게 되었다. 다음에도 수학과 관련된 책을 찾아서 읽고 싶어졌다.

6. 25(토) 내가 생각하는 여백의 미

학창 시절 미술 시간에 '여백의 미'라는 표현을 듣고 그냥 외웠다. 여백에 아름다움이 있다면 구태여 작품을 그릴 필요가 없다고 생각하면서~

오늘따라 그 말이 내 마음을 흔들었다. 삶에서 열심히 살아가는 중에 쉬는 틈을 여백으로 생각했다. 너무 힘들 때 쉬는 것 또한 정말 소중하다.

그 보편적인 이야기를 넘어서 밤늦게까지 뭔가를 해결하려고 (공부하거나, 보고서를 쓰는 등) 엄청나게 끙끙거리고 최선의 노력을 하지만, 그것을 손에서 놓고 그것에 관심을 떠나 다른 것을 하며 완전히 머리를 비우고, 하루 이틀 지나서 다시 그것을 잡으면 새로운 방향이 설정되고 아이디어가 나와서 훨씬 좋은 효과를 경험했다.

내가 생각하는 '여백의 미'다. 그것을 알면서도 난 하나를 생각하면 그것의 끈을 놓지 못하고 매달려 있곤 한다. 오늘도 난 어떻게 여백의 미를 실현하며 보낼까?

함께 쓰는 수학 일기

6. 27(월) 일차 방정식 룰렛 게임

　소수, 분수 계수인 일차 방정식을 잘 풀도록 하는 수업 방법을 고민하는 중, 잠이 오지 않는 밤에 게임을 만들었다. '러시안룰렛(사실 내용이 좋지 않은 청소년 불가)'에서 이름을 따 왔다. 의자에 앉아 빙빙 돌아가는 모습이 비슷해서다. 칠판에서 설명할 때 좀 어렵다 싶으면 보고 듣는 것 자체를 포기하는 것 같아서 만든 게임이다. 친구들이 하는 것은 뭐 틀리는 거 없나 하고 집중하는 것 같다. 일부 떠드는 아이들도 있지만 대체로 흥미를 느끼고 잘 보는 것 같다. 맨 처음 식을 어떻게 풀지 결정하고 식을 정리하는 과정이 가장 어려운 듯하다. '시작이 반'이라는 말이 실감 났다. 2개 모둠은 결국 시작하기 담당을 바꾸었다. 10초 벌점을 받고서라도 그렇게 해야 했다. 진행이 안 되어서다.

　48초에 해결한 조가 있는 반면에 5분이 넘은 모둠도 있다. 게임에 나왔던 모든 문제를 다시 풀어 보도록 했다. 여러 번 반복하다 보면 익숙해질 걸로 기대한다.

　인생 가운데 나에게 닥쳐올 일들이 무엇인지 알 수 없을 때 두려움보다 호기심과 진취적인 기상을 가지도록 연습하게 되었고 순서를 바꾸기도 하며 도움을 받아 해결할 수 있다는 인간애도 배우게 되는 것 같다.

일차방정식 룰렛 게임

모둠 별로 의자에 앉아 문제 풀기 팀과 칠판에 풀이 적기 1명을 각각 선정한다
(풀기 순서 중요, 즉 의자에 앉는 순서, 시계 방향)

문제를 뽑고 각각 의자에 앉아 준비되면 시계를 준비하여 시간을 잰다

1명이 반드시 한 가지 활동만 설명한다(이항, 분배법칙, 곱셈, 덧셈, 나눗셈, 해)

풀이 중에 틀린 것이 발견되면 다시 그 부분부터 다시 풀어나가야 한다

마지막 해가 적히는 순간까지 시간을 잰다

칠판에 풀이를 쓰는 담당은 반드시 부르는 대로만 적어야 한다
(단 다시 풀어야 할 부분을 다음 사람에게 알려줄 수 있다)

틀렸다고 비난하거나 욕을 하면 시간   +10초 벌칙

6. 27 (월) 골드버그 대회 준비

　점심시간이라서 급식 받는 줄을 서고 있는데 기술 샘이 날 부르셨다. 골드버그 대회에 참가할 생각이 있느냐고 하셨다. 흥미가 느껴져서 참가하겠다고 했다.

　2명이 팀이고, 1학년 희망 학생 2명 중에서 1명을 내가 선택해야 한다. 1명을 떨어뜨려야 하는 게 싫었다. 내가 빠진다니까 샘이 내가 잘하니 대회에 나가 보라고 했다. 점심 먹기가 싫어져서 필통에 있는 과자와 물을 먹고 점심을 빨리 먹었다고 핑계 댈 생각이었는데, 샘이 4층에 기다리는 날 보고 '점심 안 먹었지?'라고 물으셨다. 아, 나는 거짓말을 못 해서…. 어쩌다 보니 기술 샘과 같이 점심을 먹게 됐다. 바로 옆자리에서…. 정말 불편했다. 기술 가정실에서 샘이 1학년 후배 2명에게 지난번 골드버그 했던 활동을 그린 후, 설명해 보라고 하셨다. 그것으로 나에게 한 명을 선택하게 했는데, 내용보다는 그림 실력을 보고 골랐다. 참 한심했다. 아무 생각 없이 한 귀로 듣고 한 귀로 흘리며 설명을 들었다. 기억에 남아서 고른 건데 그 아이가 선택되었다.

걱정이다. 불편하다. 아직 시간은 많지만 아무 인연 없는 아이와 불편한 선생님과 낯선 대회에 나가려니 걱정된다.

6. 27(월) 문제 돌려 가면서 풀기

괄호, 소수, 분수가 있는 일차 방정식 문제 8개가 주어지고, 모둠에서 각자 1번을 풀고 오른쪽 친구에게 주면, 그 풀이 과정과 답을 보고 채점을 하고, 또다시 오른쪽 친구에게 주면 그 친구가 2번 문제를 풀고 오른쪽으로 돌려서 채점하는 방법으로 문제를 풀었다.

혼자서 풀고 나중에 선생님이랑 답을 맞추는 것보다, 바로 옆에 친구가 채점하니 더 신경이 쓰이고, 즉시 정답과 오답 결과를 받으니 긴장이 되었다. 친구가 틀리는 것은 바로 설명해 줄 수도 있어서, 샘이 매일 말씀하시는 우리 반 모두가 100점이어야 한다는 목표에 맞춘 아이디어인 것 같다.

6. 28(화) 수학 서술형을 게임으로 즐기다

룰렛 게임 형태로 전은경 샘이 아이디어를 낸 것을 약간 변형해서 실시했다. 9개 고난도 일차 방정식 풀이를, 서술형으로 작성하는 것을 어제 연습했고, 모둠 4명이 차례로 서 있다가 한 명이 반드시 한 줄씩 서술하고, 틀리면 다음 차례 친구가 다시 쓰는 방법이다. 보통 7줄 정도를 써야 한다.

9개 문항 중에서 뽑기로 문항을 뽑아서 칠판에 붙이고, 풀이를 쓰기 시작하면 시간을 재서 가장 시간이 오래 걸린 모둠은 노래하기로 했다. 한 번 틀리면 다음 친구가 나와서 지우고 다시 쓰느라 시간이 걸리고, 여러 번 틀리면 점점 더 시간이 오래 걸린다. 가장 빠른 모둠은 43초, 가장 느린 모둠은 4분 15초가 나와서 노래를 부르라고 했더니 변성기라 목소리가 안 나온다는 등 엄살을 부리더니 유튜브에서 노래방을 연결해서 노래를 부르는데, 높은 소리까지 좌~악 내며 아주 신이 났다.

다른 모둠이 풀 때 보고 있으면 그 문제를 다시 푸는 효과가 있어서 잘 지켜보라고 했는데, 9반 학생들은 정말 신기하게도 단

1명도 시선이 흩어지지 않고 칠판을 응시하며 정확히 쓰는지, 오류가 있는지 지켜보고 있어서 직접 풀지 않아도 효과가 만점이었다. 그런데 8반은 자기 모둠이 작성할 때는 열심히 하는 데 다른 모둠이 할 때는 몇 명이 관심을 보이지 않아서 아쉬웠다.

형성 평가로 오늘 풀었던 문제 중에서 난이도가 높은 문제 2개를 제시하고 확인했더니, 그동안 엄청나게 헤매던 학생이 답을 맞혔고, 6명이 틀리기는 했는데, 전혀 모르는 것이 아니라 헷갈릴 만한 부분의 오류이었고, 풀이 방법과 과정은 아주 상세히 작성했었다. 일차 방정식의 소수, 분수, 괄호가 있는 고난도 문제였는데 내가 노래를 부르고 싶을 만큼 기분이 좋았다.

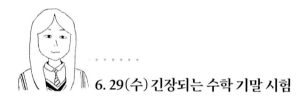

6. 29(수) 긴장되는 수학 기말 시험

기말고사 기간 중 수학 시험이 있는 날이다. 첫 문제는 연립 방정식인데 교과서 문제가 나왔다. 샘이 '교과서를 풀어 봐'를 얘기하신 이유가 있었다. 교과서에서 나오는 문제라서 그런지 난이도가 좀 높았다.

헷갈리는 문제는 a값의 범위를 구하는 것이었다. 기억이 날 듯 말 듯 한 데 몰라서 답답했는데 a값 p, q에 2를 곱하는 거였다. 살았다. 곱하는 거라면 순서 상관없이 구하면 되는 거다. 내 생각에는 이건 맞아야 한다. 그렇게 오래 생각했는데 틀리지 않았겠지…?

6. 29 (수) 방정식 활용이 쉬워졌다

방정식의 활용은 문제 상황이 이해가 안 되어서 어렵게 느껴졌다. 오늘은 활용 문제마다 세 가지 단계로 풀이를 했다. 예를 들어 '6명씩 배정하면 14명이 남고, 9명씩 배정하면 마지막 텐트에는 2명만 배정된다고 한다. 텐트의 개수와 학생 수를 구하시오.'라는 문제를 주면 첫 단계는 텐트가 4개라고 가정하고, 실제로 6명씩 배정할 때 마지막 텐트에 들어가는 학생을 확인하고, 후에 텐트가 5개, 6개, 7개를 가정해서 표를 만들어 차근차근 생각해서 구하니 문제의 상황이 이해되었다. 2단계는 그것을 방정식을 세워서 풀이하는 것인데, 문제가 이해되니 방정식이 세워지는 원리가 쉬워졌다.

3단계는 문제 만들기로 같은 상황에 숫자만 바꿔 넣는 것인데, 아무 숫자를 넣으면 논리에 안 맞아서, 상황을 이해하고 답을 생각해서 거꾸로 문제를 만들어야 한다. 역시 문제 만들기가 제일 어려웠고, 깊이 이해하게 되는 것을 실감하였다.

6. 30 (목) 우리나라의 미래에 희망이 보인다

학교에서 화장실을 청소해 주시는 분이 연세가 많아서 오늘로

퇴직을 하신다. 연세가 거의 80이신데 큰 학교에서 혼자서 그 힘든 일을 성실하게 감당하셨다. 요즘처럼 더운 날씨에 땀을 비 오듯 하면서 에어컨도 없는 곳에서 종일 일을 하시는 것이 안쓰럽고 죄송하기도 했다. 그래도 일을 놓고 떠나시게 되어서 너무나 아쉬워하셨다.

그동안의 정을 아쉬워하며 작별 인사를 나누었다. 이야기하던 중 퇴직 소식을 알고 졸업생인 안수정이 점심시간에 학교를 찾아왔다며, "나를 할머니라고 불러 주며 늘 다가와서 예의 바르게 인사하고 친절하게 대해 주더니, 다른 학교에 갔는데도 일부러 찾아와서 인사를 하고 갔어. 수정이는 정말 크게 될 아이야!"라며 너무나 고마워하셨다.

수정이 같은 학생이 있어서 우리나라의 미래에 희망이 보이고 좋은 나라가 될 것 같다.

7월 함께 쓰는
수학 일기

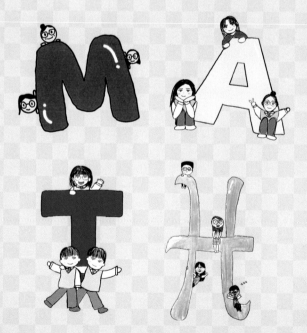

7. 1(금) 수학 못하면 나중에 노가다 해야 하나요?

금요일이라 몸은 지쳤고, 장마철이라 습도가 높고 무더운 5교시에 수학 수업을 한다. 게다가 요즘은 일차 방정식 활용 문제 중에서 거리 속력 시간을 다루는 부분이다. 문제를 풀던 J가 큰소리로 질문을 한다.

"샘~ 수학 못하면 나중에 노가다 해야 하나요?"

수학을 못하는 것과 노가다는 관련이 없고, 수학을 잘하는 사람도 원해서 노가다 한다고 답했다. 노가다가 안 좋은 것이 아니라고 부연 설명을 했다. 수학을 공부해야 하는 이유가 편한 직업을 갖기 위한 도구로 인식하는 어른들의 영향인 것 같아 안타까웠다.

7. 1(금) 일상생활에 함수 적용하기

수학 샘이 수업 시간에 우리가 지금 이렇게 사는 건 수학 덕분이며 애니메이션, 신호등 등등에 쓰인다고 하셨다.

그래서 찾아보았더니 에펠탑이 함수와 관련 있었다. 에펠탑은 좌우 대칭으로 뻗은 곡선이 아름답다. 그 곡선에 함수가 쓰였다. 지수 함수 $y = 2^n$, n에 1부터 차례대로 넣은 값을 선으로 이으면 에펠탑의 곡선이 된다!

다른 영상에서는 실생활에서 함수적 사고를 하는 습관을 들이라 했다. 예를 들어 시간에 따른 식물의 키, 또는 라면 국물에서 국물량에 따른 나트륨 같은 것으로 적용했다. 이렇게 하면 실생활에 함수가 쓰이는 게 무궁무진한 것 같다. 인터넷 사용 시간에 따른 전기 사용량이나 운동 시간에 따른 내 몸무게 같은 것도 일상생활에 함수가 쓰이는 예시인 것 같다. (쩝) 정말 수학은 자주 쓰이는구나. (내가 본 영상: YTN사이언스)

7. 2 (토) 수학적 용기

어제 기말고사가 끝났다. 지난주까지 열심히 공부하며 시험이 끝난 한가한 주말, 오늘이 오기만을 기다렸다. 아빠가 영화 〈이상한 나라의 수학자〉를 추천해 주셨다.

영화를 보며 단지 시험 성적을 올리기 위해, 좋은 대학에 가기 위해 문제를 빠르게 풀고, 답을 찾는 데만 급급했던 게 아닌지 반성해 볼 수 있었고, 푸는 과정이 중요하다는 것을 다시 한번 생각해 볼 수 있었던 시간이었다. "문제가 안 풀릴 때는 화를 내거나 포기하는 대신에 이거 문제가 참 어렵구나. 내일 아침에 다시 한번 풀어 봐야겠다고 히는 여유로운 마음. 그것이 수학적 용기다."라는 대사가 인상적이었다. 어려운 수학 문제를 보면 답지를 볼까 말까 고민하기도 하고, 왜 내가 이 문제를 풀지 못하는지에 대한 죄책감이 들 때도 있다. 하지만 나도 수학적 용기를 가지고,

문제를 바라보아야겠다는 생각이 들었다.

수학에 대한 영화라서 너무 지적이고 지루할 줄 알았는데, 생각보다 감동적이고 재미있었다.

7. 4(월) 설문지 제작의 어려움

전국 통계 활용 대회에 포스터 제작을 위한 설문지를 마무리해야 할 날이 얼마 안 남았다. 생각보다 시간이 촉박하다. 학교 끝나고 민경이와 설문에 관해서 얘기를 나눴다. 생각보다 어려웠다.

설문지를 작성하지 못했다. 무엇보다 아직 목적을 쓰지 않았다. 안경을 주제로 하고 싶은데 샘이 '통계를 내는 목적이 뭘까?'라고 질문을 해서 고민을 진지하게 하게 되었다.

이전 통계 포스터를 보여 주셨다. 목적이 좋고 통계 포스터도 훌륭했다. 포스터를 보니 어느 정도 감을 잡은 것 같기도 하다. 통계 포스터를 제작하는 목적을 확실하게 정하고, 설문할 내용을 다시 생각해 봐야겠다.

7. 4(월) 도서관 봉사 활동

기말고사가 끝나서 방학까지 남은 시간에 점심시간에 학교 도

함께 쓰는 수학 일기

서관에 봉사하려고 했다. 그런데 불이 꺼져 있고 사람이 아무도 없는 것이다. 아직 선생님께서 안 오셨나 해서 교실로 들어갔다가 다시 가 보았다. 여전히 똑같은 상태였다. 큰맘을 먹고 갔는데 봉사를 못 해 아쉽다. 내일은 점심을 빨리 먹고 가 봐야겠다.

김선민 7. 5 (화) 게임용 데이터 자동 분류 장치

게임을 만들기 위해서 데이터 자동 분류 장치를 만드는 중이다. 정확히 무슨 장치라고 말할 수는 없지만, 간단하게 원리와 설명을 말하자면 A, B, C, D, A`. B`. C`. D`, a`. b`. C`. d`… 등이 있다고 가정한다면 먼저 한 줄씩 나눈다. 그런 다음, 한 줄씩 데이터를 처리하는데, 맨 앞에 A는 이 데이터의 형식을 의미한다. 뒤에 B, C, D등은 A에 따른 데이터 형식에 맞춰 의미가 바뀌게 된다. 이러한 것을 만드는 게 쉽다고 할 순 없지만. 원리만 알면 쉽게 만들 수 있다. 물론 내가 사용한 방식은 이와 같은 방식이지만, 다른 데이터 분류 방식도 수없이 존재한다. 가끔 심심하거나 시간이 남을 때 데이터 분류 방식에 대해 생각하는 것도 나쁘지 않을 것 같다.

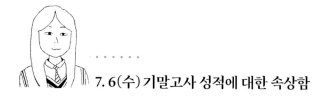

7. 6 (수) 기말고사 성적에 대한 속상함

기말고사 전에는 별로 신경 안 썼는데 기말고사 점수를 보니 후회가 파도처럼 밀려온다. 내가 왜 그랬을까…. 솔직히 수학과 과학은 기대했다. 왜냐면 중간고사 때 잘 봤으니까. 그런데 그런 기대가 서서히 사라져 간다. 진짜 어이없게도 수학을 1개 틀렸는데 95점 밑으로 갔다. 과학에서도 1개를 틀렸는데 5점짜리 문제였다. 진짜 어이없다. 나머지 과목들은 80점대고 지금 일기를 쓰는데 핸드폰이 똥폰이라 그런지 오타가 너무 나와서 더 짜증이 난다.

그런데 지금은 기분 좀 나아진 것 같다. 글쎄, 어쩌다 시현이와 같이 '함께 쓰는 수학 일기'에서 만나다니. ㅋㅋㅋ 이런 곳에서 반 친구를 만나니 왠지 반가웠다. 근데 시현이가 보는 나는 왜 '익명의 야생 소'지? 이젠 드래곤이라네. ㅋㅋ

7. 6(수) 시험 끝나고 여유를 즐기다

책 '페인트'를 읽었다. 주인공이 국가에서 길러져 가족이 되기 위한 부모 면접, 즉, 페인트를 하면서 벌어지는 이야기이다. 시험이 끝나고 여유로워서 책을 읽는 것이 너무나 즐겁다.

7. 6(수) 왜 무섭다고 할까?

공부방 선생님이 중1 후배가 나를 학교에서 보면 너무 무섭다고 했다는 것을 전해 주셨다. 그 친구는 내가 학생회 스태프 조끼를 입고 돌아다니는 것이 너무 무섭다고 했다는데, 나는 내가 무서운지 잘 모르겠다. 내일은 공부방에 조금 일찍 가서 그 친구의 오해를 풀어 줘야겠다.

7. 6(수) 주말 수학 캠프 사전 협의회

수학 교사 6명이 모여서 이번 주말 수학 캠프 사전 협의를 했다. '신체 활용 수학'을 주제는 세부 활동 계획을 세웠다.

1. 꼬인 손 풀기(30분)
2. 신체 활용 스트링 아트(100분)
3. 중심 잡기(의자 쌓기, 사다리 쌓기, 종이로 높이 쌓기(30분)
4. 투게더 스틱으로 중심 잡기(10분)
5. 신체로 수학적 구조물 만들기(10분)이다

교사들끼리 꼬인 손 풀기 실습을 해 보았고, 조 편성 방법, 활동 안내 PPT 제작, 빔 프로젝트 설치, 당일 손 소독 등 논의를 했다. 참석 인원 90명으로 계획하고 준비하기로 했다.

7. 7(목) 마라탕이 아니고 마라케시

수학 시간에 '마라케시'라는 보드게임을 했다. 주사위를 굴려서 하는 게임인데 쉬워 보였지만 생각보다 어려웠다. 친구들은 돈도 많이 벌고 양탄자도 많이 깔았는데, 나는 양탄자를 잇는 족족 친구들이 다 끊어 버리고, 돈도 너무 많이 써서 아슬아슬하게 파산 위기를 면하는 등 위태롭게 게임을 했다. 두 판을 했는데 나 포함해서 세 명의 친구 중에서 내가 두 번 다 꼴등을 했다! 나는 역시 보드게임이랑 안 맞는 것 같다…. 하하.

7. 7(목) 왜 시험을 봐야 돼요?

수석실에 2학년 학생이 이것저것 체험 도구를 만지면서 말한다.

K: 역시 저는 시험 공부를 안 해야 돼요…. 시험 공부 한 것의 성적이 다 안 좋아요

나: 어떤 것을 틀렸니? 외우는 것?

K: 외운 것도 있고, 이해한 것도 있어요.

나: 그럼 더 많이 외우고, 더 많이 이해해야 하는데, 시험 공부를 덜 한 것은 아닐까?

함께 쓰는 수학 일기

K: 엄청 많이 외웠어요. 엄청 많이 이해했고요. 도대체 공부는 왜 해요?

나: 그런 배운 것을 통해서 세상을 더 많이 알게 되고, 생각을 키우게 되니까 하는 거지.

K: 살면서 세상을 알게 되는데 왜 꼭 외우고 시험을 봐야 돼요?

집에서는 시간이 너무 빨리 간다는 말을 몇 번이나 하던 학생이다. 수업이 너무 자기와 관련이 없고, 학교가 너무 힘들다고 한다. 왜 학교는 시간이 느리고, 힘든 곳이어야 할까?

7. 8 (금) 기다렸던 학급 단합

수학 시간에 〈히든 피겨스〉 영화를 감상했다. 주인공들이 흑인 차별이 있었던 시대에 살면서도 당당하고 멋지게 일하는 모습에서 왜 제목이 〈히든 피겨스〉인지 알게 되었다.

기다리고 기다리던 학급 단합을 했다. 줄다리기, 이어달리기, 몸으로 말해요, 담력 체험(이름표 뜯기) 등의 활동을 했다. 팀별 대결을 했는데 이어달리기 중 이인삼각을 할 때 내가 친구에게 잘 맞추지 못해 4등을 한 것 같아 미안했다. 그런데 다행히도 우리 팀 친구들이 열정적으로 해 주어 전체 2등을 했다. 기분이 좋았다. 친구들과 즐겁게 보낼 기회가 자주 있었으면 좋겠다.

7. 8 (금) 질풍노도의 중학생이었는데

고교 2학년이 된 본교 졸업생 K가 방과 후 늦은 시간에 학교를 방문했다. 내가 수업한 학생은 아니지만 서로 아는 사이라서 수석실에 들어왔는데, 마스크를 써서 알아보지 못한 것도 있지만 마스크를 벗어서 얼굴을 보여 줘도 누군지 못 알아봤더니, '저 ○○예요.' 하는데, 정말 분위기가 달랐다. 중학교 때는 철없고 뭔가 마음이 불편한 얼굴이었는데, 지금은 너무나 성실한 모습으로 바뀌어 있었다.

자신의 인생을 잘 세워 가기 위해 헬스를 하는 등 앞날을 위해 준비하고 설계하고 있다는 계획도 잘 표현했다. 중학교 때는 질풍노도라서 그랬다며 지금은 의젓한 모습이라서, 사람은 정말 많이 바뀌고, 중학교 시절이 가장 복잡한 회로가 엉켜 있는 시기라는 것을 다시 한 번 생각하게 되었다.

중학교 선생님들에게 하고 싶은 말이 있느냐고 했더니, '모든 학생들에게 관심 두고 잘 관찰해 달라'고 한다. 중3 때 너무나 힘든 친구가 있었는데, 선생님들이 잘 몰랐다며 그런 친구를 잘 챙겨 달라는 거다. 교육용 책이나 연수 같은 데서 들을 이야기를 질풍노도를 겪은 학생 입에서 들으니 더욱 학생들이 바라는 것이 무엇인지에 대하여 생각하게 되었다.

안○정 7. 8(금) 수학적으로 부자가 되는 법

학교 마지막 7교시에 수학 독서 활동을 하였다. 책의 내용 중 부자가 되는 법을 수학적인 원리로 풀어낸 내용이 있었다. 그 이론은 다음과 같다. 사람이 한 줄로 무한으로 서 있다고 가정을 해보자. 그 줄의 처음 시작에 자신이 서 있고, 자신의 뒤의 사람에게 1,000원을 빌린다. 그럼 뒤에 사람은 1,000원을 빌려주고 그 사람은 또 그 뒤에 사람에게 1,000원을 빌려, 손실을 막는다.

위와 같이 도미노와 같은 형식을 취하는데 이것이 1,000원 이상을 가진 사람이 무한으로 생겨난다고 가정하면, 이는 그 누구에게 피해, 즉, 금전적인 손해를 끼치지 않고 맨 첫째 줄의 자신만 부자가 될 수 있다. 왜냐하면, 자신이 돈을 빌렸어도 뒤에 사람은 그 뒤에 사람에게 돈을 빌리고 또 그 뒤에 사람은 그다음 사람의 돈을 빌리는 형식과 사람이 무한으로 생겨난다면, 맨 앞의 사람 외에 그 누구도 이득 혹은 손실이 없기 때문이다.

나는 비록 위의 공식이 불가능한 가설들이 넘쳐나고 여러 가지 변수들을 고려하지 않았지만, 정말 흥미로운 논리라는 생각이 들었다. 여기에서 하나의 질문이 떠올랐다. 그 질문은 '그렇다면 꼭 한 사람만 부자가 될 수 있을까?'였다. 여기에 대한 답은 다음 일기에서 말하도록 하겠다.

7. 9(토) 아름다운 수학 캠프 풍경화

'신체를 활용한 수학'이라는 주제로 강당에서, 학생 12명씩 3개 팀을 구성하고, 지도 교사와 수학 동아리를 졸업한 선배 1명씩이 배치되어 캠프를 했다.

5개 미션의 과정마다 점수를 배정했고, 활동 결과를 누가 기록하여 최종 1등 팀원부터 원하는 상품을 선택할 수 있게 했다. 교사가 등위별로 지정하려던 상품은 3D 미로, 숫자 퍼즐, 초코파이 순서였는데, 실제 1등 팀 학생들은 숫자 퍼즐이나 초코파이를 선택하는 걸 보고 학생 선택권이 합리적임을 실감하였다.

한 팀이 둥글게 서서 포장용 끈으로 스트링 아트를 만드는데, 연결 지점을 찾느라 토론하고 찾은 지점으로 사람과 사람을 연결하는 방법을 찾느라 토론하는 모습이 수학 캠프를 하면서 수학적 요소뿐 아니라 서로 생각을 표현하고 나누는 태도 형성이었다.

전체 학생이 직교 좌표 평면인 x축 y축을 만들고, 포장용 끈으로 연결해서도 스트링 아트를 만들었다. 종이에 연필로 그리면 쉽게 되는 것을 신체로 만드는 거다. 종이에 그리는 것보다 훨씬 토론이 필요하고 정감 있는 작품이 만들어졌다.

엮은 손 풀기는 2명, 4명, 8명, 남학생 전체, 여학생 전체로 인원을 늘려 가면서 손을 잡고 움직이며 토론을 해야만 해결이 되는 활동이었는데, 여학생들은 섬세하였고, 남학생들은 힘찬 함성을 내서 강당에 여기저기 웃음이 가득했다.

함께 쓰는 수학 일기

중심 잡기는 네 가지 방법으로 각자 다르게 활동했는데, 끈기와 집중력과 창의력에 따라 팀별 특성이 드러나서, 2학년 남학생 팀은 아이디어가 우수했고, 1, 2학년 여학생 팀은 꼼꼼하고 안전하게 해결했으며, 1학년 남학생은 활기차고 힘이 넘쳐서 보는 사람들도 덩달아 웃음보가 터졌다.

투게더 스틱은 힘찬 구령으로 박자를 맞춘 1학년이 가장 높은 점수를 받았다. 점수나 승부에 연연하지 않고, 친구들이랑 놀이하는 것을 즐기는 모습이라서 더욱 좋았다. 친구를 만나고 세상을 바라보면서 자신의 잠재력을 끌어올리는 것이 수학 캠프의 목적이다.

7. 9 (토) 수학 캠프 속 나의 모습

오랜만에 참여하는 수학 캠프라서 기대하며 참여하였다. 엮은 손 풀기는 여러 번 해 봤던 것이지만 머뭇거리며 헤매다가 서로 이야기하며 시도하니 감이 잡혔다. 2명, 4명, 8명, 여자 전체가 할 때 등 사람이 달라지면서 계속 상황을 토론해서 해결해야만 했다.

신체로 하는 스트링 아트는 빨간 실이 내 주위를 왔다 갔다 하니까 조금 어지러웠다, 요즘 몸이 안 좋아서 모두가 함께하는 스트링 아트에는 참여하지 못했다.

종이 높이 쌓기를 했는데, 높이 쌓진 못했지만 디자인 면에서 전략을 잘 짜서 우리 모둠이 가장 멋지게 쌓았고, 투게더 스틱은 서로의 호흡이 잘 맞아야 함을 실감하게 되었다. 다음 수학 캠프에서는 무엇을 할지 정말 기대된다.

오후에는 연극부원들과 만나서 도청문예회관에서 뮤지컬 '빨래'를 봤다. 특히 주인 할매가 뇌성 마비를 앓는 딸을 40년 동안이나 빨래를 하는 등 힘겹게 돌보며 아픔을 껴안은 채 열심히 살아가는 모습에 위로와 박수를 보내고 싶었다. 내용 면이나 연극 배우의 연기력과 가창력 등 너무 감동적이었고, 객석이 모두 찰 정도로 관람객이 많았다.

7. 11(월) 거리 속력 시간 시험 100점

형성 평가로 사칙 연산, 일차식 계산, 방정식 풀이 성취도가 낮은 학생들을, 몇 차례에 걸쳐서 방과 후에 남겨서 문제를 풀수 있을 때까지 지도했더니 기본적인 계산은 어느 정도 잘 해결했다. 그런데 이번 수업은 학생들이 미리부터 '거속시 어려워~' 하던 방정식 활용 단원이다. 9반에서 수업 중에 푼 문제를 숫자를 바꿔서 한 문제만 내고 확인했더니, 오답을 낸 학생이 5명이었다.

7교시 마치고 종례할 시간쯤, 9반 교실로 올라갔더니 얼른 집에 가고 싶은 마음이 크겠지만, '나도 이 문제 풀 수 있고 싶어'라는 의지가 더 커서 도망가지 않고 기다리고 있는 것이 기특했다. 거리 속력 시간 관련 설명을 다시 천천히 하고, 미리 만들어 간 문제를 1개씩 나눠 주고 풀게 했다.

기본 문제는 5명 모두가 맞혀서 어찌나 기쁘던지~

두 번째는 난이도를 높여 거리가 다르고, 시간 단위를 변화시킨 문제를 제시했다. 역시나 그 부분이 문제가 되어서 다시 개별 설명 하고 풀이 연습을 여러 번 했더니, 시간이 걸렸지만 모두 맞혔다. 거리 속력 시간 문제에서 낼 수 있는 난이도 높은 것을 해결했으니 너희들은 모두 100점이라고 아낌없이 칭찬하고 교무실로 돌아오는데 너무 기분이 좋아서 날아갈 것 같았다.

수업 중 활동지에 학생들의 수업 성찰 일기를 읽어 봤더니, '학원에서 너무 어려웠는데 학교에서 수업을 들으니 완전 이해가 된다'는 내용이 많아서 학생과 교사 모두의 행복을 느꼈다.

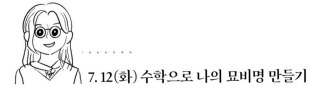

7. 12 (화) 수학으로 나의 묘비명 만들기

수학자 디오판토스의 묘비명을 보고 나이를 구하는 수업을 했다. 수학자들은 어쩜 그런 상황에도 수학을 적용한 것이 신기했다. 나도 디오판토스처럼 묘비명을 만들어 보라고 미션을 주셨다.

[일생의 $\frac{4}{25}$는 학교에 다니고, 4년이 지나 취업을 하고 일생의 $\frac{3}{10}$이 지나 결혼을 하고, 일생의 $\frac{7}{10}$을 아이를 낳고 가족과 행복하게 살고 일생을 마쳤다]라고 만들었다.

계산했더니 나이가 음수로 나온다, 문제를 잘못 만든 것 같다. 문제를 푸는 것보다 문제 만들기가 더 어려운 것을 다시 실감했다.

다른 사람에게 미안하거나 부끄럽지 않고, 좋은 사람으로서 행복하게 살았다고 묘비명에 쓸 수 있었으면 좋겠다.

7. 12 (화) 학교에서 공부를 하는 이유

쉬는 시간에 수석실에 놀러 온 두 학생의 대화다.

A: 우리 다음 시간 뭐야?

B: 역사.

A: 그러면 수업하겠네….

B: 기말고사 본 것 피드백한다고 했어.

A: 시험 다 봤는데, 왜 피드백을 해?

공부를 하는 이유는 시험을 보기 위해서이고, 시험을 봤으면 공부한 것은 더 이상 나에게 필요한 것이 아니라서 버려도 되는 것이라고 여기는 거다.

교육은 자아의 내부에서 지혜의 핵심을 뽑아내게 하는 활동이다. '지혜의 힘으로 거짓을 물리치는 힘을 갖게 되어, 이성적이고 반성적인 자기 결단으로 행동하게 된다'는 글을 읽었다. 교육의 목표가 진리의 빛 속에서 자신의 삶을 계획하며 살게 되어 외부적인 규범이나 유혹, 내적 충동에 휘둘리지 않고 좋은 삶을 경험하게 되는 것인데, 수업 시간에 학습한 지식이 시험을 치렀으면 더는 나에게 쓸모없다고 여기는 학생들이 커 가는 우리나라의 미래에 대해 답답함이 밀려온다.

7. 14(월) 시간을 달리는 소녀

주제 선택 시간에 플랫랜드로 0, 1, 2, 3차원에 대해서 생각해 보았고, 실제로 있는지 알 수는 없으나 시간을 과거와 미래로 이동하는 4차원을 생각하는 〈시간을 달리는 소녀〉라는 애니메이션 영화를 봤다.

　주인공이 시간이 과거로 돌아가는 능력이 생겨서 과거의 사건을 변화시키는 내용인데, 내가 만약 과거로 돌아가는 능력이 생긴다면 어떨지 상상해 봤다. 피해 보는 사람들이 생기지 않도록 악용하지 말아야 할 것 같다. 긴 영화라서 아직 30분 정도 남아서 뒷이야기가 어떨지 기대된다.

7. 18 (월) 세상을 움직이는 수학의 힘

　학기 내내 수학 시간에 수업만 했었는데, 마지막이라 수학 영화로 〈이미테이션 게임〉을 보여 주셨다. 수학자가 알파벳으로 주어진 암호를 해독하는 것이 너무 대단했다. 또한 암호를 해독한 것을 독일군이 눈치 못 채게 하려면 사상자가 얼마만큼 나와야 하는지 수학의 최적화 이론을 적용해서 했다는 것을 보고, 세상을 움직이는 수학의 힘을 생각하게 되었다.

　암호 해독을 포기하지 않고 동료들과 힘을 합치는 모습이 보기 좋았고, 전쟁을 승리로 이끈 숨은 영웅이 수학자였다는 것이 너무 멋졌다. 내가 포기를 쉽게 하는 편인데, 주인공처럼 포기하지 않는 인내심을 길러야겠다고 생각했다.

7. 19(화) 신나는 방학이당~!

1교시 과학 수업으로 〈월E〉라는 영화를 마저 보고, 관련된 학습지를 썼다. 수업 시간이 조금 남아서 친구들과 여러 가지 이야기를 하던 중, 키가 크고 싶다고 얘기를 하고 있을 때 과학 선생님께서 키 크는 법을 알려 주셨다. 그중에 '하루에 줄넘기 1,000개 하기'가 있었는데 마침 이번 방학 목표 중 하나가 일주일에 3일 이상은 운동하기여서 줄넘기를 해야겠다고 생각했다. 2교시 체육 시간에는 〈국가대표〉라는 영화를 봤다. 스키 점프 국가 대표에 관한 이야기였는데, 어…, 정말 재미있었다. ㅎㅎ

3교시에는 대청소하고 방학식을 했다! 성적표도 받았다. 시험은 망쳤지만, 수행을 잘 봐서 점수는 괜찮았다….

친구들이랑 마라탕을 먹으러 갔는데, 문을 닫아서 새로운 곳으로 갔다. 포토이즘도 찍고 카페도 갔다. 1학기에 열심히 달렸으니 방학에 열심히 놀고 2학기에 달릴 준비를 해야겠다.

7. 19(화) 1학기 마지막 수업 이벤트

방학식 하는 날 수업이라 이벤트를 했다. 1교시 9반은 무용실을 빌려서 '엮은 손 풀기'와 '투게더 스틱' 활동을 했다.

손잡는 것을 부담스러워할 것 같아서 여학생, 남학생으로 분리하고, 처음에는 4명씩 엮은 손을 풀게 하고, 나중에는 여학생 전체, 남학생 전체로 해서 했다. 처음에 엉켜서 옥신각신하더니 나중에는 정말 원리를 찾아 너무나 잘 푸는 모습이 예뻐서 동영상을 열심히 찍어서 학급 온라인 전시장에 올렸다.

투게더 스틱은 짧은 시간이라 연습도 없이 하면서 몇 번의 실패를 경험했지만, 집중하고 협력하려는 의지를 보이며 열심히 활동하였다.

2교시 8반은 〈이미테이션 게임〉을 요약해서 보여 주고 영화 속에서 수학적 의미를 찾아 성찰 일기를 쓰게 했다.

이어서 1학기 수업에 대한 의미 있었던 기억과 성찰을 써 보고, 2학기 수학 수업에 대한 기대와 건의를 쓰도록 했다. 짧은 시간을 줘서 그런지 기억나는 수업은 주로 활동했던 것에 대한 추억을 썼다. 기억나는 수업을 수학 단원의 내용 자체에 의미를 두기를 바란 것은 나만의 욕심이겠지.

7. 20 (수) 여름 방학 수학 캠프

주제: 폐품을 활용한 창의적 구조물 만들기

1. 폐박스를 활용한 오더리
2. 핫 바 꽂이(40cm)를 이용 기하학적 무늬의 구조물
3. 핫 바 꽂이(30cm) 활용한 다빈치 돔

4. 카프라를 활용한 구조물

5. 합동 분할을 보여 주는 구조물 만들기

6. 아이스크림 막대를 활용한 다빈치 다리와 다빈치 구

활동별로 교실을 배정했고, 만들기에 필요한 도구와 소모품 등을 챙기고 설명하느라 부지런히 교실을 이동하며 지원했다.

여러 팀이 활동하니, 다양한 작품들이 수학 홈 베이스 전시 코너에 가득 쌓였다.

만들면서 학생들은 계속 이야기를 한다. 그런 이야기를 하는 것 또한 필요한 시간이라고 여겨져서 같이 듣기도 하고, 참견도 하면서 학생들의 고민과 마음을 읽게 되었다.

7. 20(수) 손을 희생시켜서 만든 수학 구조물

여름 방학 수학 캠프를 했다. 각자 다양한 재료로 창의적 구조물을 만드는 미션이 주어졌고, 나랑 민경, 석희는 핫 바 꽂이 막대를 도구로 사용하기로 했다.

기하학 원리는 이해하기 어려웠으나, 완성된 걸 보니 나무 막대가 아름다운 아치를 이루고 있었고, 꽈배기 모양의 어떤 구조물을 두 개 더 만들었다.

나무 막대를 연결하려고 글루건을 사용했다. 손에 뜨거운 글루건이 한 번 닿았다. 옆 팀에서도 '뜨겁다' 하는 말이 많이 나왔다. 만드는 도중 옆 팀을 봤다. 친구 손가락 끝이 너무 빨개서 놀랐다.

구조물을 수학 전시장에 진열하러 갔는데, 다양한 재료로 만든 구조물이 많이 보였다. 그래도 우리가 만든 것이 가장 마음이 끌린다.

7. 20(수) 당연한 것이 아니다

여름방학이라 코로나로 인해 못 갔던 워터파크에 갔다. 평일인지라 사람이 별로 없을 줄 알고 갔는데, 생각보다 많았다. 들어가자마자 눈에 띈 것은 워터 슬라이드! 튜브를 가지고 계단을 많이 올랐어야 해서 힘들었던 기억이 나는데, 이번에는 튜브를 올려 주는 기계가 생겨서 너무 편하고 좋았다. 워터 슬라이드와 파도 풀을 타면서 신나게 논 후, 따뜻한 온천에 들어가서 잠시 휴식을 취하고 있는데, 문득 궁금증이 생겼다.

수영복 색이 물에 젖어서 원래 색보다 어두워진 것을 보았는데, 그 이유가 궁금해졌다. 평소에도 옷이 젖으면 색이 진해지지만 당연하게 생각하고 별 호기심을 갖지 못했는데, 갑자기 호기심이 생겨 집에 돌아오자마자 검색해 보았다.

원래는 옷 표면이 거칠어서 난반사가 발생하는데, 물에 젖으면 표면이 매끄러워지면서 난반사 양이 줄어들어서 색이 어두워진다는 것이다.

평소에 당연하다고 생각했던 것이었는데, 당연하지 않은 것이었다니, 세상이 신비롭게 느껴졌다. 생활 속에서 일어나는 일들을 너무 당연하게 생각하지 말고, 호기심을 가지고 들여다봐야겠다!

7. 22 (금) 결과는 과정과 같지 않다

여름 방학이다. 학생들만큼이나 기다리던 방학이고 1학기 마지막 수학 캠프가 이루어졌다. 내가 준비할 것은 폐 박스를 이용한 입체

오더리 삼각형 만들기다. 전에 색종이로 할 때도 난이도가 있었던 거라 대부분 재료를 준비해 주기로 했다.

먼저 길이가 충분히 나올 폐 박스를 구하기 위해 전자 제품 대리점, 고물상, 가구점 등에 전화했고 롯데마트 하이마트점에서 청소기 박스를 구했다. 턱없이 부족한 박스를 어머니 댁에서 그나마 구했다. 경상도의 어느 학교에서 만든 자료가 있어서 해보려고 한 건데 사각기둥으로 만들어야 하는데 박스가 부족해서 삼각기둥으로 했다.

입체는 완성하기 전에는 오차를 감지할 수 없다는 단점이 있다. 관절염이 생긴 손가락으로 너비의 11배가 되는 길이로 박스를 자르고 잘라 삼각형 1개를 완성해 놓고 나머지 삼각형 3개는 두 변만 붙인 상태로 준비했다. 아이들이 캠프에서 완성할 수 있도록…. 아이들이 몇 번이나 포기하려고 하는 것을 강하게 어필해서 겨우 완성했다.

역시나 부피가 길이가 부족해서 완성작은 보잘것없었다. 끈으로 겨우 선분의 중점과 꼭짓점을 연결했다. 끝나지 않은 것은 어렵게 구한 박스가 아까워서 좀 더 작은 길이로 또 한 세트를 준비했는데 아이들이 시간이 안 되니 집으로 가져왔다.

귀찮아하는 주언이를 설득해서 또 하나를 완성했다. 역시나 길이가 안 맞아 고무줄로 묶어야 했다. 빨리 정리하고 싶어 저녁인데도 학교에 가져다 놓았다. 주언이가 '길이가 안 맞는 걸 굳이 완성해야 하는 거야'라며 투덜대는 소리에 그런가 싶었지만, 가속도가 붙은 작업을 멈출 수가 없어 완성했다.

함께 쓰는 수학 일기

우리의 인생이 훌륭하지 못해도 행복하게 누리고 살아야 하는 것처럼 의미를 두고 싶었다. 결과보다 과정이 힘들었던 하나의 인생이다, 오더리 삼각형 입체는. ^^

7. 23 (토) 벌써 죽음을 이야기하다니…

사사 과정 20시간 주제를 어떤 것으로 할지 한참 토의했다. 색종이로 유닛을 접어 다면체를 조립하여 그 원리를 찾기로 의견이 모아졌다. 개인별로 탐구할 다면체를 정하고, 유닛 접는 법을 익힌 후 여러 장을 접어야 했다. 손으로 접기 바쁘지만, 오랜만에 만나서 이런저런 이야기를 하다가 H가 죽는 방법에 대해 질문을 했다.

A: 전혀 아프지 않고 건강하게 살다가 어느 날 잠자다가 죽었으면 좋겠다.

B: 평생에 딱 한 번 죽으니까, 엄청 유명한 장소에서 기분 좋게

스릴 있게 떨어져서 죽는 것이 의미 있다.

C: 여기서기 아프기도 하며 살다가 늙어서 자연사하는 것이다.

각자 자신이 선택한 방법이 좋다고 주장하며 자신이 선택한 죽음의 방법의 좋은 점을 계속 피력하여 동의를 받으려고 했지만, 끝까지 다른 친구의 방법에 동의하지 않고 자신의 방법이 좋다고 주장했다.

아직 살아갈 날이 엄청 많아서 어떤 직업을 갖고 싶고, 어떤 모습으로 살아가고 싶은지를 이야기하는 것이 더 실감 날 텐데, 죽음을 이야기하는 아이들을 보면서 묘한 기분이 들었다.

7. 26(화) 느림의 미학과 여유

한 달 전에 예약해 둔 태안 병술만 캠핑장에서 휴가를 보내기로 했다. 코로나가 다시 유행하는 시점이라 조마조마하는 맘으로 도착했는데 감사하게도 아직 본격적인 휴가철이 아니라 소나무 숲에 두 팀뿐이었다.

우리는 숲이 아닌 반대쪽으로 갔다. 캠핑을 정리하는 팀이 있던 큰 느티나무 밑에 자리를 잡았다. 해풍이 얼마나 시원하던지 태풍인가 싶을 만큼 바람이 좋았다. 주변에 아무도 없으니 자리도 넓고 마스크도 벗고, 최고다. 감사가 절로 나온다. ^^

주언이는 수학 학원을 2주나 빠지게 되어 수학 문제집을 챙겨왔는데, 얼마나 할지…. 집에서 자기주도학습으로 공부하면서

쉬운 중간고사는 100점인데, 기말고사는 60점을 넘지 못했다. 개념이 중요한 함수 단원에서 바닥이 드러났다. 학원을 가 보고 싶다고 해서 기회는 줘 봐야겠다 싶어 허락했다. 얼마나 효과가 있을지….

아빠와 같이 텐트도 치고 해먹을 설치하라는 미션에 핸드폰을 놓고 대칭을 맞추어 완성했다. 누워 보라고 하니 부끄러워 가린다. 핸드폰 하는 만큼 공부에 집중하면 전교 1등도 할 텐데. 주언이는 늘 자기보다 못하는 아이들이 많다고 '굳이'를 외친다. 이해하기 이려운 뇌 구조다.

무엇보다 올해 휴가 3박 4일 일정이 인생에 꼽을 만큼 좋은 휴가가 될 듯하다. 루미큐브도 가져왔는데, 할 수 있을지…. 바람이 좋아 그냥 쉴 듯하다. 여름 해풍은 낮에 바다에서 육지로 분다.

펄럭이는 타프에 느티나무 그림자가 가득하다.

7. 26 (화) 캠핑을 가상한 벌레 사냥

캠핑을 와서 텐트를 치기 전에 차에서 내릴 때부터 수많은 벌레들이 있었다. 텐트를 치기 시작할 때부터 다 치고 밥 먹고 쉬고 있을 때도 앉든지 눕든지, 어딜 가든 벌레들이 넘쳐났다. 정말 이렇게 벌레가 넘쳐나는 것들만 보면 캠핑하지 말고 그냥 집으로 돌아갔으면 하는 생각이 들지만 그래도 이미 캠핑을 왔으니 돌아갈 수도 없는 노릇이었다.

다행히도 텐트가 바다 주변이라서 쉴 새 없이 계속 시원한 바람이 불어서 덥지는 않았다. 벌레에다가 덥기까지 했다면 정말 캠핑이 싫었을 거다. 그러다가 한 번 일이 생겼다. 텐트 안에 있었는데 그 텐트 밖에 날아다니는 바퀴벌레가 나온 것이다. 내가 베개로 텐트를 칠 때마다 벌레가 엄청 빠른 속도로 징그러운 소리를 내며 날아다녔다. 정말 온몸에 소름이 돋았다. 게다가 나를 제외한 다른 사람이 있으면 코빼기도 안 보이다가 내가 나오는 순간 갑자기 나타나서 날아다니기 시작했다. 벌레가 나에게 붙지 않아서 다행이지 만약 그 벌레가 나에게 붙기라도 했다면 정말 그대로 집으로 돌아갔을 것이다.

그 뒤로는 벌레들 사이에서 모기에게 신나게 물리며 이상할 정도로 많이 부는 바람과 시원함 속에서 캠핑했다. 중간에 다람쥐도 보였는데, 엄청난 사진 실력으로 잘 보이지도 않는 다람쥐의 꼬리를 찍는 데 성공했다.

이번 캠핑의 1등 공신은 전기 파리채다. 날아다니는 벌레들을 기가 막히게 죽여 주는 한 줄기 빛 같은 존재! 이 파리채로 캠핑 가서 최소 30마리는 넘게 잡았을 것 같다.

바다 앞에 있는 캠핑장을 간 것 치고는 그냥 바다에 발만 담그고 나와서 그냥 텐트 안에 박혀 있다시피 해서 딱히 뭐 특별하게 한 것은 없는 것 같다. 그래도 역시 재미있었다.

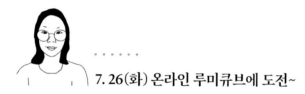

7. 26 (화) 온라인 루미큐브에 도전~

지루한 방학이다. 초등학생 때는 방학이 정말 좋았고 기다려졌는데, 중학생이 되니까 방학보다는 학교에 가는 날이 더 재미있는 것 같다. 집에서 무엇을 할까 고민했는데 온라인으로 루미큐브를 할 수 있는 앱이 있어서 설치했다. 수학 시간에 루미큐브를 한 적이 있는데, 그날 처음 해 봤지만 재미있어서 또 하고 싶었다. 그러나 우리 집에는 나와 루미큐브를 같이 해 줄 사람이 없는데, 온라인으로 할 수 있어서 좋았다.

나는 루미큐브를 아직 잘 못하기 때문에 온라인에서 한 번도 이겨 본 적이 없다. 친구와 방을 만들어 같이 할 수 있는데, 내 친구들은 연락을 잘 안 봐서 방학에는 같이 못 할 것 같다. 힝.

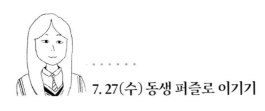

7. 27 (수) 동생 퍼즐로 이기기

16 숫자 퍼즐을 했다. 혼자 하면 심심하니 옆에서 구몬을 하고 있던 동생보고 풀어 보라고 했다. 나는 1~15 순으로 맞춰야 하는 걸 15~1 순으로 섞으라고 했다. 동생이 그걸 5분 안에 하라고 했다. 내가 5분 안에 못 하면 놀릴 것 같았다. 다행히 퍼즐을 5분 안에 섞었다. 어때? 나 잘하지? 동생이 맞추고 내가 다시 섞는 과정을 3번 반복했다. 내가 맞히고 싶어서 동생보고 섞으라고 했다. 동생은 나처럼 정성스럽게 섞지는 않았다. 나는 엄청난 손놀림으로 빨리 퍼즐을 풀었다. Easy~

7. 27 (수) 물총 놀이를 하게 된 ISFP

연극부에서 연습과 물총 놀이를 했다. 먼저 체육관에 가서 드라이(지문을 포함한 대본 읽기)와 리딩(지문 빼고 감정을 살려서 대본 읽기)를 하고, 체육관에 있는 것들로 소품을 만들어서 동선도 짰다. 아직 대본이 다 완성되지 않았기 때문에 내가 나오는 분량이 적어서 조금 지루했지만, 내가 맡은 배역이 마음에 든다.

열심히 연습하고 연극부원들과 운동장으로 나와서 물총 놀이를 했다. 물에 젖는 것을 정말 싫어해서 물총 놀이를 할 생각이

함께 쓰는 수학 일기

없었는데, 막상 해 보니까 재미있었다. 다행히 나는 많이 젖지 않았다. 핸드폰을 보다가 'MBTI별 시험 기간 공부 방법'에 대한 영상을 봤는데, 내 MBTI인 ISFP는 '벼락치기로 딱히 목표나 계획을 정하지 않고 무작정 암기하거나 많이 읽고, 학교에서 시키는 것만 하거나 학원에서 짜 주는 대로 한다. 근데 자기가 좋아하는 과목은 시키지 않아도 알아서 공부한다'였다. 나랑 정말 똑같아서 놀랐다.

7. 28(목) 동생에게 원주율을 설명해 주다

동생과 함께 충남 도서관에 갔더니 꽤 더웠는데, 실내는 시원해서 기분이 좋았다. 영어 문법과 독해가 좀 어려워서 공부를 했고, 동생은 원주와 원주율에 대해 숙제를 했다.

동생이 모르는 부분을 물어봤는데, 1학년 π-day에 복도에 그려진 원을 발로 재어서 원둘레가 지름의 약 3배 정도 나오는 것을 체험한 적이 있다. 또한 집에 있는 물건 중 원 모양의 둘레와 지름을 재어서 비율을 계산해 봐서 확실히 이해하게 되었다. 복습하는 겸 동생에게 모르는 게 있으면 물어보라고 해야겠다.

8월 함께 쓰는
수학 일기

8. 2(화) 규칙이 본능이다

수학에서 가장 많은 부분을 차지하는 것이 규칙을 찾거나 정해진 규칙을 사용하고 적용하는 것이다. 그런데 동물이 본능적으로 규칙을 지키고 싶어 하는 것을 보니, 의사소통이 된다면 수학을 가르치면 잘했겠다 싶다.

반려견 미루(미루나무의 약칭) 이야기다. 치와와 엄마와 미니핀 아빠 사이의 믹스견이다. 소형견이고 지금 6살 6개월이니 나이 환산 식에 대입하면 42살 성인 즈음 된다. 소형견은 초반에 빨리 성장하고 중년 이후 서서히 노화된다고 한다. '대형견 환산 식'과 비교할 수 있다.

겁이 많은 미루는 자주 짖는다. 날아다니는 새에게도 짖는다. 그리고 자신의 요구를 정확히 표현한다. 아침 6시 산책이 늦어지면 침대로 와서 재채기하면서 할 일을 상기시킨다. 그리고 놀랍게도 저녁 식사 시간 5시는 엄중하게 표현한다. 잠을 잘 자다가 갑자기 뛰어나와 옆에서 팔을 젖히고 나의 코 밑에 얼굴을 들이민다. '왜 이러지' 하며 시계를 보면 5시다.

독일의 철학자 칸트가 규칙적인 산책으로 유명하다. 미루의 저녁은 칸트의 시계다. 여름과 겨울 해 길이도 다른데 어떻게 알까 싶다. 특별히 시계 소리가 나지도 않는다. 반려견 훈련하는 프로그램에서 소개하기를, 실제로 반려견들이 규칙적인 것을 좋아한다고 한다.

예상할 수 있는 패턴이 행복의 중요한 요소라고 한다. 수학 문제도 예상할 수 있는 것만 나오면 참 좋을 텐데…. 핸드폰이 울리는데 바로 나와 받지 않으면 하울링으로 알려 주는 예민하지만 센스 있는 미루는 타고난 먹성이 밥 먹는 시간을 정확히 알게 되는 능력으로 발달한 것 같다.

좋아하는 것이 가장 중요한 원동력이다.

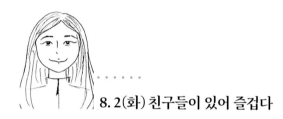

8. 2(화) 친구들이 있어 즐겁다

친구 A의 생일이라 친한 친구 3명이 축하해 주기 위해서 모여서 놀기로 했다. 걸어서 갈 수 있는 곳으로 카페에 갔다가 밥 먹고 노래방에 가기로 했다. 오늘처럼 이른 시간(9시)에 카페에 간 것은 처음이라 새로웠고 아침부터 카페에 온 게 웃기기도 했다.

카페에 가만히 앉아서 이야기만 했는데도 너무 재미있었고, 얼마든지 오래 앉아 있을 수 있을 것 같고, 이야기는 해도 해도 왜 끝이 없는지 모르겠다.

밥을 먹고 노래방에 갔는데 사람이 없었다. 보통 시험이 끝날 때와 같이 사람이 많을 때만 노래방에 가서 작은 방만 남아 있었지만, 큰 방에 들어갔다. 덕분에 노래 부르면서 다 같이 일어나 춤도 추고, 정말 신나게 놀았다. 무려 5시간 동안 50곡을 부르고 노래방에서 나왔다. 항상 1~2시간이 지나면 노래방에서 나와 아쉬운 감이 있었는데, 오늘 처음으로 나오고 싶을 때 나온 것 같다. 5시간 농안 홍겹게 뛰어놀다가 마지막까지 'tears'라는 노래를 부르고 나왔다.

우리 친구들은 중2 때 만났는데, 성격이 비슷하고 의지도 되는 너무 좋은 친구들이다.

8. 3 (수) <비상선언> 에서 수학 찾기

학원 방학이라서 가지 않는다! 야호! 그래서 학원 숙제를 풀 수 있는 시간이 많았다. 피타고라스 정리에 대한 문제들을 풀었는데, 선행한 친구들이 어렵다고 해서 상당히 걱정되었지만 생각보다 어렵지 않아서 다행이라고 생각했다.

오래전부터 기다려 왔던 영화 〈비상선언〉이 오늘 개봉해서 오랜만에 엄마랑 둘이서 영화를 보게 되었다. 28,000피트 상공에서 벌어진 생화학 테러로 인해 재난 상황에 빠진 비행기를 안전하게 착륙시켜야 하는 이야기다.

영화에 나오는 '28,000피트 상공'이 몇 미터일까 궁금해서 찾아보았더니 1피트가 30.48㎝이니 28,000피트는 8534m이다.

영화를 보고 나서 비행기를 타는 게 무서워졌다. 만약 내가 생화학 테러가 일어난 비행기에 있던 승객이라면 정말 너무너무 너무 무서울 것 같다. 좁은 비행기에서 도망칠 수 있는 곳도 없고…. 어휴, 생각만 해도 무섭다.

8. 4 (목) 평생 소장하고 싶은 책

조르쥬 이프라가 쓴 '신비로운 수의 역사' 책을 접한 것이 거의 20년 전쯤이다. 지금껏 보던 그 어떤 책보다 '수'에 대한 이야기가 감동적이어서 얼마나 읽었던지, 책이 다 헤져서 다시 그 책을 소장하고 싶은 생각에 인터넷 서점을 검색했더니 절판이 되어 중고 매장에만 몇 권이 있었다. 원래 가격의 2배 이상으로 중고 가격이 나왔지만, 너무나 소장하고 싶어서 주문했더니 오늘 택배가 왔다.

이전 소유자가 나랑 책 읽는 성향이 비슷한 건지 키워드나 문장에 다양한 색깔로 밑줄을 치며 읽어서 그 사람과 함께 호흡하며 같이 읽는 것 같았다. 다시 그 책을 읽으며 처음에 느꼈던 감동을 또 한 번 경험했다. 신비롭게 이어져 온 수의 역사는 불의 사용, 증기 기관, 전기의 발명만큼 혁명적인 사건이며 인류가 무엇을 원하는지에 대한 성찰이라는 말에 공감한다. 더위를 뚫고 창문 너머 들어오는 시원한 바람처럼 이번 방학을 시원하게 이 책과 보내게 되어 즐겁다.

8. 6 (토) 배우고 생각하고 연결하고

국내 수학자 박형주 박사가 쓴 '어떻게 생각하는 힘을 키울 것인가?'라는 책을 읽기 시작했다. 어릴 때 친구들 집을 전전하면서 그 집에 있는 모든 책을 읽었고, 더 이상 읽을 책이 없어서 도서관으로 가서 책의 종류와 관계없이 잡독을 했다고 한다. 그렇게 잡독 한 것이 수학에도 영향을 준 것 같다.

자신이 하고 싶은 진로를 미리 정해서 그 진로에 관련된 도서를 읽고, 진로와 관련된 봉사 활동이나 프로젝트 등을 해야 입시에 도움이 된다고 한다.

하지만 수학 관련 진로를 원한다고 수학 도서만 읽고, 공학자가 되고 싶어서 공학 도서만 읽는 것이 효과적일까? 무엇을 하든지 다양한 책을 많이 읽어서 생각하고 연결하는 것이 생각하는 힘을 키우게 된다고 느꼈다.

8. 7(일) 한글이 없었다면?

평소에 잘하지 않았던 한문 공부를 했다. 다른 과목보다 외울 것이 많아서 좀 어려운데, 외우고 나면 뿌듯하다.

문득 '내가 한글이 없었던 조선에서 살았다면 어땠을까?' 하는 생각이 들었다. 충분히 한문 공부를 할 수 있는 환경인데도 몇 자 외우는 것이 어려운데, 그 당시의 평민은 매우 불편했을 것이다. 21세기의 한국에 살아서 참 다행이다. 한글이 있다는 것에 새삼 감사하게 되었다.

함께 쓰는 수학 일기

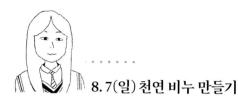

8.7(일) 천연 비누 만들기

천연 비누 만들기를 했다. 내가 베이스를 썰 때 동생은 냄비에 물을 올렸다. 따뜻한 물에 그릇을 넣고 그릇 안에 미리 썰어 둔 베이스를 넣었다. 베이스가 다 녹으면 그릇을 꺼내 향과 냉동실에 있던 녹차 가루를 넣었다. 녹차 가루 통을 흔들어서 체 위에 붓고 있었는데, 그만 가루가 너무 많이 나와 버렸다…. 그냥 그대로 섞었다. 녹차는 피부에 좋다니까 괜찮겠지.

향을 넣고 섞고 틀에 부었다. 비누가 다 굳고 틀에서 꺼냈다. 가루를 너무 많이 넣어서 걱정했는데 생각보다 너무 잘 나왔다! 가루가 덩어리진 것도 별로 없고 비누 색이 너무 괜찮았다.

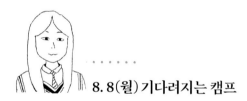

8.8(월) 기다려지는 캠프

이틀 뒤 방학 중 제일 기다렸던 4H 캠프다. 짐을 싸기 위해 준비물이 적힌 종이를 찾는데…! 종이가 안 보인다! 아무리 찾아도 없다. 아빠한테 찾아 달라 했다. 비록 내가 찾고 있던 종이는 못 찾았지만, 준비물이 적힌 종이가 나왔다! 야영 교육 참여 여부 조사라고 적힌 건데, 이거라도 있어서 다행이다. 준비물 중에 '개인 상비약'이라 해서 휴대용 구급상자를 챙기려고 했는데…, 없네?!

없으면 말지, 뭐. 어차피 안 쓸 것 같은데. 옷과 세면도구를 챙기고 순비 끝. 당일 신발과 칫솔과 폰만 챙기면 된다. 빨리 캠프 가서 놀고 싶다~

8. 8(월) 보고 싶은 아버지 엄마

친정아버지 기일이 다가와서 미리 아버지 계신 호국원에 다녀왔다. 장마가 다시 시작되어 먼 길 다녀오는 게 걱정은 되었지만, 방학 중이라 꼭 다녀오고 싶었다.

코로나로 인해 거의 바깥으로 다니지 않으니 남편과 오랜만에 여행을 다니는 시간을 친정아버지가 만들어 준 것 같았다.

그동안 지낸 이야기를 친정아버지 엄마에게 들려주고, 요즘 내가 걱정하는 것도 넋두리처럼 하고 왔다. 나오는 길에 '하늘나라에 쓰는 편지'라며 엽서를 비치하고 있어서, 친정아버지 엄마에게 엽서를 써서 빨간 우체통에 넣고 왔다.

1,000개의 눈으로 지켜봐 주시고

1,000개의 손으로 보살펴 주시고

1,000개의 바람이 되어 우리 곁에 있음을 감사하다는 편지를 썼는데, 오히려 내 마음이 위로되었다.

함께 쓰는 수학 일기

8. 9(화) 비구름과 함께 여행

용인에 있는 외 할머니 댁에 다녀왔다. 토요일과 일요일에는 사촌 동생들과 만나서 놀고 쇼핑몰에 가서 옷을 샀다. 또 보드 게임방에 가서 동생이랑 엄마랑 스플렌더, 서펜티나 등 여러 가지 보드게임을 했다. 루미큐브도 했는데, 루미큐브를 아주 예전에 해 봐서 기억이 안 나는 엄마, 루미큐브를 태어나서 처음 해 보는 동생과 하느라 힘들었지만 나 혼자 모르는 사람과 온라인으로 하던 루미큐브보단 훨씬 더 재미있었다.

월요일에는 저녁을 먹고 집에 오려고 했지만, 비가 너무 많이 와서 집에 오지 못했다. 내가 있었던 아파트의 다른 단지들도 지하 주차장이 침수돼서 차를 밖으로 빼라는 안내 방송이 나왔다고 하는데, 다행히 우리 단지가 동네에서 가장 높은 곳이라 지하 주차장에 물이 들어오지 않았다.

오늘도 비가 많이 오면 집에 못 왔을 텐데 낮에 비가 잠깐 그쳐서 무사히 집에 올 수 있었다. 현재 시각 오후 9:45, 비가 수도권에서 내리다가 내일부터 충청 쪽에 많이 내릴 거라고 했는데 지금 빗소리가 들리기 시작한다.

내일 4H에서 야영을 가는데, 괜찮을까?

8. 10 (수) 수학은 무엇을 하려는가?

책을 읽다가 수학을 다시 생각하는 글을 만났다. 영화사 임원들이 수학자들 앞에서 강연하는 이유는 영화의 수익성 관련이라고 대부분 생각한다.

그런데, 하늘에서 운석이 떨어지는 장면을 상상으로 그리는 게 아니라 중력 법칙을 적용해 운석의 움직임을 예측하고, 유체 역학의 나비어-스톡스 방정식으로 해결했다는 것이다. 그래서 해적의 배로 몰아치는 폭풍과 범람하는 해일의 변화상을 예측하고 이를 화면에 뿌려 내는 것을 수학자들에게 강의를 하고 있단다.

수학의 큰 그림을 보게 되어, 단지 문제 풀이를 반복하는 것이 아닌, 진정한 수학의 맛을 경험시키는 2학기 수업을 생각하는 시간이었다.

8. 10 (수) 기대가 너무 컸던 4H 야영 캠프

8시에 출발해 농업기술센터에 도착했다. 지루한 안내를 하고 수건을 나눠 줬다. 분명 준비물 중에 수건이 있었는데 여기서 줄 거면 왜 가져오라 했는지 모르겠다.

버스를 타고 한용운 생가에 갔다. 박물관에서 설명을 듣고 생가를 구경해야 하는데, 비가 많이 와서 그런가 관람은 하지 말라 했다. 지루했는데 잘됐다. 캠핑장에 가서 짐을 풀었다.

OX 퀴즈를 하고 단체 줄넘기를 했다. 우리 팀이 다른 팀에 비해 줄넘기를 정말 못했는데, 연습하는 도중 줄이 누군가의 발에 걸려서 줄이 내 왼쪽 귀를 때렸다. 맞은 쪽이 얼얼했다. 눈물이 찔끔 나왔다. 팀장은 발이 걸린 학생을 걱정했다. 아무도 나한테 신경 안 써서 괜찮은 것 같으면서 서운했다. 그 뒤로 몇몇 게임을 더 했다. 한 번 게임이 하기 싫어지니 다른 것도 하고 싶지 않았다. 점심을 먹고 쉬고 오리엔테이션 하고 저녁을 먹었다.

텐트에서 쉬는 때마다 느끼는데, 친구들은 휴대폰에 너무 빠져 있는 것 같다. 난 어디 놀러 와서 핸드폰을 하는 게 싫었다. 그래서 친구들과 수다를 떠는 게 좋았다. 핸드폰을 사용 안 하니까. 또 사람 소개를 하고 봉화식을 하고 (다리 아프도록 서 있게 하는) 장기자랑을 봤다. 사람을 소개할 때마다 느끼는 건데, 너무 지루하고 싫다. 텐트에 와서 지금은 쉬고 있다. 피곤할 땐 이불 위에 누울 때가 제일 좋은 것 같다.

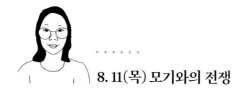

8. 11(목) 모기와의 전쟁

4H 야영 캠프에 왔다. 오랜만에 가족들과 떨어져서 하룻밤을 지내다 보니 좋아서 그런지 싫어서 그런지 잠이 안 온다. 음악을 들으면서 핸드폰으로 그림도 그리고, 친구와 이야기도 하다 보

니 현재 새벽 1:57이 되었다. 종일 비가 내리다 말다 하다가 지금은 다시 내리는 중이다. 텐트에서 듣는 빗소리는 낭만적이다! 근데 무언가 날아다니는 게 보인다…. 모기다…. 모기를 발견하게 된 이상 이 모기를 잡기 전까진 잠을 잘 수 없다. 진짜 여기 온 뒤로 모기를 (조금 과장해서) 100마리는 본 것 같다. 나는 팔다리에 모기 밴드도 하고 모기 기피제도 자주 뿌렸지만 네 군데 나 물렸다. 흑흑…. 결국 방금 봤던 모기를 잡지 못했다. 조금 더 기다리다가 다시 보이면 아주 그냥 박살을 내 주겠어….

8. 12(금) 4H 야영 캠프 다녀온 후기

4H가 주관하는 태안의 신두리 글램핑장으로 야영 캠프를 갔다. 아침 8시 10분 출발이라 6시에 일어나서 서둘러 준비를 마쳤다. 버스를 어디로 가서 타느냐고 문의하는 친구들이 여러 명 있어서 엄마가 중간에 태워서 전부 모이고 농업기술센터로 갔다.

농업기술센터에서 이번 야영에 대한 설명을 가볍게 듣고 야영할 때 입을 옷과 이름표 그리고 수건과 안내 책자 같은 걸 받았다. 그렇게 개막식을 끝내고 바로 태안에 있는 글램핑장으로 출발했다. 근데 가는 길이 생각보다 멀어서 1시간은 걸렸던 것 같다. 귀찮아서 시간을 재 보지는 않았다. 뭐, 굳이 알고 싶지 않으니까 상관없었다. 글램핑장에 도착하자 조금씩 비가 오기 시작했다. 초장부터 기분이 팍 나빠지는 부분이었다. 그래도 뭐, 비가 내리는 걸 어떻게 할 수는 없으니 그냥 우산 썼다.

근데 한 가지 문제가 생겼다. 분명 지도상으론 크리스마스 3 텐트가 있어야 하는데 A3 텐트가 있는 것이었다. 이게 무슨 일이지 생각하며 물어보니까 A3이 크리스마스 3이었다. 살짝 어이가 없었지만 그래도 찾았으니까 된 거다. 텐트에 들어와서 친구들이랑 놀고 있었더니 점심을 먹을 시간이 되었다.

점심식사 후 안내 수칙이나 주의점을 듣고, 4H 안내 책자에 쓰여 있는 노래 가사를 외운다거나 4H 선서문을 외웠다. 4H의 의미인 머리(head), 마음(heart), 손(hand), 건강(health) 이렇게 네 가지를 합쳐 4H다. 선서문의 내용은 '나는 더욱 명석하게 생각하고, 나라와 4H의 발전을 위하며 봉사하고 더욱 건강하게 생활하며 살겠다'는 내용이다. 아 참고로 야영 캠프를 가기 전에 나누어 준 옷은 색깔이 네 가지였는데, 노란색은 머리를 상징하는 지 대, 주황색은 마음을 상징하는 덕 대, 파란색은 손을 상징하는 노 대, 보라색은 건강을 의미하는 체 대로 나뉘어 있었다 나는 그중에 노란색인 지 대였다.

설명회 같은 개회식이 끝나고 나니 이번에는 각 소대끼리 팀별 대항전을 했는데, 우리가 1등을 한 종목은 없었다. 저녁 식사로 바비큐와 부대찌개 수박 등등 여러 가지를 맛있게 먹고 나서 텐트를 싹 정리했더니 속이 뻥 뚫리는 느낌이었다.

8시쯤 4H의 봉화식을 할 준비하기 시작했다 모두 한번 연습한 다음에 모두 4H의 네잎클로버에 서서 각자 지 대, 덕 대, 노 대, 체 대 순서로 자신의 소대에 맞는 맹세를 하고, 각자의 횃불에 불을 붙였다. 4개의 횃불에 모두 불이 붙고 네잎클로버의 중앙에 있는 큰 나뭇더미에 불을 붙였다. 거대한 불이 타오르고 우리 모두 그 불을 보며 4H로서 갖추어야 할 마음가짐과 각오를 다졌다. 그렇게 타오르는 불꽃을 보고 있으니 멍해지고 정신이 맑아지는 기분이 들었다.

그 순간 (펑!) 밝은 불빛과 함께 커다란 폭죽 소리가 야영장을 가득 채웠다. 한 번 두 번 세 번 수없이 많은 양의 밝은 불빛과 폭죽 소리! 그 아름답고 황홀한 광경을 보고 나는 한순간 넋을 놓았다. 얼마 동안 아무 말 없이 나는 폭죽을 바라보았다. 끊임없는 수많은 불꽃의 향연을 영상으로 찍어 놓기는 했지만, 용량 때문에 보여 줄 수는 없는 게 아쉽다. 그래도 사진 정도는 보여줄 수 있는 것 같다.

폭죽놀이가 끝나고 장기자랑 공연 등등 콘서트를 했다. 나는 그런 거에는 그렇게 관심이 없어서 그냥 남들 하는 대로 따라 하기는 했지만, 굳이 사진은 찍지 않았다. 사실 이 공연하고 장기자랑이 가장 기다란 부분이지만 뭐, 딱히 관심도 없고 그리 중요한 장면이나 내용이 있었던 게 아니었으니 그냥 넘어가도록 한다.

이후에는 '친구랑 놀다가 난생처음 밤을 지새워 봤다' 정도가 말할 만하다. 그래도 딱히 막 피곤하다거나 그런 건 느껴지지 않았다. 그래서 아침을 어제 캠프에서 준 치킨으로 대충 때웠는데, 두 개 중 하나에다 누가 맛소금을 다 때려 박아서 치킨이 소금 절임이 되어 있었다. 먹고 나서 후회했다,

아무튼 대충 아침을 때우고 이번에는 4H에서 체육 대회를 하기 위해서 바다로 갔다. 뭐, 걸어갈 수 있는 거리였으니 그리 멀지는 않았다. 바다에 도착해서 체육대회를 했는데 줄다리기, 릴레이 달리기, 신발 던지기를 했는데 우리 지 대는 3개 다 참패했다. 덕 대가 체 대를 힘으로 이기는 걸 보고 나니 저게 어딜 봐서 덕 대인지 생각이 들었지만 뭐, 딱히 상관은 없었다.

모든 게 끝난 후 텐트에서 짐을 싸고 나와서 버스에 짐을 싣고 나서 다시 다 같이 모여서 4H 캠프 폐막식을 했다. 뭐, 폐막식은 별거 없었기 때문에 넘어가고 마지막으로는 뽑기로 상품을 주는데 거기서 체 대가 3연속인가, 4연속인가 뽑히는 걸 보고 체 대는 운이 엄청 좋다는 걸 알았다.

집에 도착해서 가방 3개를 메고 돌아가니 정말 어깨가 부서지는 느낌이 났지만, 그래도 결국 집에 도착하는 데 성공했다. 재미있고 의미 있는 캠프였다.

8. 12 (금) 이기는 법칙

날씨가 아주 안 좋은 기간에 학교 4H 야영이 있었다. 가기

일주일 전부터 담당 교사 카톡방이 불이 났다. 취소냐, 추진이냐…. 결국 이미 2달 전부터 예약된 많은 것을 포기할 수 없다. 어려운 가운데 해내는 4H의 활동 정신을 기르기 위한 활동이니 추진한다고 농업기술센터에서 결정을 내려서 많은 보호자님의 걱정 속에 실시되었다.

다행히 비 올 확률은 정확히 맞았지만 강수 확률은 맞지 않아 비가 오락가락했고, 보슬비 수준이었다. 우리가 출발하기 전날 밤에 폭우가 이미 내렸다고 한다. 다행히 낮보다 밤에만 좀 더 많이 왔다. 가장 재미있었을 ATV 자동차 타기를 하지 못하고 대별 활동(모둠별)만 실시했다.

많은 아이가 적극적으로 참여해야 재미가 있는 장기자랑에서 K-POP 고등학교 학생들이 주로 나와 하다 보니 중학생들은 들러리가 되었다. 모든 활동이 재미가 있으려면 본인이 직접 참여해야 한다. 이것이 재미의 법칙이다.

다음 날 다행히 비가 그쳐 신두리 바닷가에서 체육 활동을 했다. 유네스코 지정 신두리 사구가 멀지 않아서 그런지 모래가 고운데도 단단해서 활동에 지장이 되지 않았다. 여러 가지 활동 중에 특별히 줄다리기 활동이 눈에 들어왔다. 사진을 찍은 걸 보다가 더욱 관심이 갔다. 줄다리기는 학교에서도 체육대회에 필수로 들어가는 종목이다. 그냥 힘만 쓰는 종목인 것 같은데 왜 그리 열심히 시키는 걸까? 여기에는 여러 가지 법칙이 들어가는 활동이기 때문이다. 과학과 기술과 언어, 수학 모든 것이 합쳐진 활동이었다.

담임 선생님들이 옆에서 아이들에게 이것저것 요구하는 자세가 있다. 바짝바짝 앉아, 뒤로 누워, 줄을 반듯하게 해, 선생님의 구령에 맞춰 영차영차 해 등등.

그림을 보면 이해될 것이다. 줄을 당기는 힘이 분산되지 않는 것, 이것이 제일 중요하고 유일한 목표이다. 우리가 내는 힘이 마이너스가 되지 않게 하는 방법. 줄 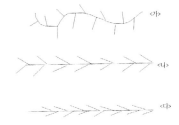 의 끝부분은 줄이 흔들리면서 힘이 분산되기 쉬우므로 맨 앞에 힘이 가장 센 아이들이 줄을 잡는다. 줄이 짧아야 하고 힘이 수직으로 분산되지 않도록 줄과 같은 방향으로 누워야 하고, 호흡이 일치하도록 영 차를 하는 것이다.

인생을 살면서 이기는 법칙을 늘 생각할 것이다. 그것이 성공이라고 여기기 때문이기도 하다. 그런데 남을 눌러 이기는 것이 이기는 것이 아니고, 결국 나의 힘을 마이너스시키지 않는 것, 이것이 가장 중요한 이기는 법칙일 것 같다.

나를 나답게 온전히 지켜 내는 것, 하나님이 주신 아름다운 모습 그대로 지켜 내는 것, 이것이 세상에서 이기는 법칙이다.

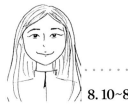

8. 10~8. 12 생명 게임 프로젝트

영재교육원에서 사사 교육 과정을 했다. 미리 주제를 정하고, 지도 교사와 카이스트 선생님, 다섯 명 학생들이 팀을 이루어 3일 동안 숙박하며 연구를 하고 각 팀의 연구 결과를 발표하였다. 우리 팀의 주제는 '생명 게임'이었다.

생명 게임은 무한한 격자판에서 진행되며 각 세포는 삶과 죽음 둘 중 하나의 상태를 가진다. 죽은 세포의 인접한 8칸 중 3칸에 살아 있는 세포가 있다면 다음 세대에는 죽은 세포가 살아난다. 또한 살아 있는 세포의 인접한 8칸 중 2, 3칸에 살아 있는 세포가 있다면 다음 세대에도 삶을 유지한다. 그 외의 경우 죽거나 죽은 상태를 유지한다. 위와 같은 규칙을 반복하다 보면 일정한 패턴이 나오게 된다. 위 규칙을 적용하여 나온 유명한 패턴 이외에 우리는 위의 규칙을 바꾸어 보며 바꾼 규칙 속에서 패턴을 찾는 연구를 하였다.

연구는 이틀간 계속해서 진행되었다. 공깃돌로 세포를 표현하고, 손으로 이리저리 공깃돌을 움직여 보며 규칙을 찾고자 했다. 물론 컴퓨터로 시뮬레이션을 돌려 좀 더 빠르게 할 수 있었지만, 처음에는 규칙도 익히고 싶었고(내 자존심이 허락을 안 했는지…), 내 손으로 직접 해 보고 싶었다.

이리저리 규칙을 바꾸어도 첫째 날에는 패턴을 찾지 못했다.

하지만, 숙소에 돌아와서 고민해 보고, 둘째 날 규칙을 바꿔 본 결과, 짝수, 홀수에 따른 패턴을 찾을 수 있었다. 선생님께서 어떻게 이런 패턴이 나올 수 있는지 원리를 설명해 주셨지만, 어려운 개념이라 완벽히 이해할 순 없었다. 하지만 매우 뿌듯했고, 주제에 더욱 흥미가 생겼다.

발표 자료 만들 시간이 따로 있었지만, 우리는 그 시간에 연구를 더 해서 우리 팀은 발표 자료 만들 시간이 없었다. 그래서 저녁 먹고 각자 숙소에 들어가서 발표 자료를 만들고, 카이스트 선생님께 보내면 선생님이 정리하고 합쳐 주셨다. 카이스트 샘이 발표 자료 만드는 데 밤을 새워야겠다고 하시길래 나도 밤을 새울 각오로 ppt를 만들고, 대본을 짜고, 발표 연습을 하려 했지만, 발표 연습을 하다가 잠을 이기지 못하고 새벽 4시쯤 잠이 들었다. 그래도 밤늦게까지 모두가 협동하고 아자아자 하는 것이 너무나도 좋았고, 잊을 수 없을 것 같다.

마지막 날에 팀별로 프로젝트 결과에 대한 발표를 했다. 우리 팀은 모두 나가서 각자 연구하고 발견한 것을 발표했다. 나는 발표 연습 시간이 부족해서 대본을 숙지하지 못하고 발표한 점이 조금 아쉬웠다.

모든 팀이 발표한 후에는 1, 2등을 뽑아 상품을 주었다. 2등을 먼저 발표했는데 우리 팀이 아니었다. 2등은 가능성이 있었지만, 1등은 가능성이 없다고 생각해서 2등 발표 후에는 기대를 안 하고 있었다. 그런데 1등 팀으로 우리 팀이 불렸다! 너무 깜짝 놀랐고, 너무 기뻤다.

3일이라는 짧은 시간 동안 사사 과정에서 친구들과 아주 친해지고 선생님과도 친해졌는데, 다 끝나니 너무 아쉬웠다. 중간중간 종이비행기 특강이나, 과학 마술쇼도 정말 즐거웠다. 친구랑 같이 집으로 가는 길에 며칠간 후유증이 남을 것 같다고 이야기했다. 오랜 시간 앉아서 공깃돌 놓고, 밤늦게까지 놀지 못하고 발표 자료를 만들었지만, 하나도 힘들지 않았고 너무 재밌었다. 잊지 못할 것 같다.

8. 12(금) 수학이 사회 변화를 이끌고 있다

예전에는 많은 사람들의 의사를 파악하는 게 불가능했으나, 빅데이터의 활용으로 다양한 사안에 대해 사회 구성원들의 의사 표현을 실시간으로 파악할 수 있다.

방대한 데이터의 의미를 읽어 내는 수학적 방식의 진보는 예상치 못했던, 엉뚱하게도 사회적 변화를 끌어내었다. 영웅이 이끄는 시대에서 참여 민주주의 시대로 변하는 기술적 토대가 마련되었다는 글을 읽었다.

사회학자들은 사회를 정적인 구조로 보고 연구하는 경우가 많지만, 미분과 적분 같은 수학을 사용하면 역동적인 변화까지도 연구할 수 있다는 글을 만났다.

수학의 또 다른 힘을 만났다.

함께 쓰는 수학 일기

8. 13(토) 불확실성의 시대에서 해답을 찾을 수 있을까?

요즈음 뉴스의 대부분이 호우로 인한 피해 소식이다. 날씨 예보가 정확하든 아니든 비가 지역적으로 폭우로 내려 막을 수 없는 재해가 되고 있다. 기상청 사이트에서 여기저기 둘러보다 다음의 글을 블로그에서 발견했다. 비 올 확률이 10%, 20%, 60%, 100%라고 나오는데, 0이 아니면 비가 꼭 온다는 거 아닌가 하는 생각이 드는 수치다.

하지만 비가 올 확률이란 주어진 지역 내에 속한 모든 지점에서 0.1mm 이상의 강수가 세 시간 내에 내릴 평균 확률이라고 한다. 강수 확률을 결정하기 위해 모델링(수학 공식 같은)을 사용한다고 한다. 그 식에 필요한 습도, 기온을 대입하면 비슷한 환경일 때 비가 100번 중 몇 번 왔었는지를 나타내 주는 수치라고 한다. 그러니 강수 확률이 99%여도 비가 안 올 수도 있고, 잘못된 예보라고 할 수 없다는 거다. 그 한 번 안 오는 날일 수 있으니까. 거기에 국지성 호우라고 하면 더더욱 예측이 어렵다.

우리가 발에 흙을 묻히지 않으려고 모두 아스팔트를 덮었고 그래서 빗물은 땅에 스며들지 못하고 깔때기처럼 낮은 곳으로 모인다. 그래서 대도시에서 오히려 더 피해가 커진 것은 아닌가…. 옛날보다 기계 문명이나 과학이 이렇게 발달한 시대에 아직도 재해는 선진국이든 후진국이든 상관없이 발생한다.

이것을 예견할 수는 없을까, 정보의 축적이 답인 것 같다. 하늘을 보고 예측하기엔 너무 대응이 늦다. 아수 사소한 정보라도 놓치지 않고 모두 기록하고 저장하여 규칙을 찾는 일! 바로 수학이다. 아직 눈앞에 일어나지 않은 일이라고 너무 소홀히 하면 그만큼의 대가를 치르게 될지도 모른다.

수학을 공부로만 생각하지 말고 생활화가 되도록 해야 할 것 같다!

8. 13(토) '멍때리기'는 예열기

노벨 물리학상 수상자인 리처드 파인만은 주점에서 사람들과 잡담을 즐기거나 수영장에서 혼자 일광욕을 즐기곤 했다는 글을 접했다. 우리가 '멍때리기'라고 하는 이런 시간이 지적인 일이나 생산적, 창의적인 일을 하는 예열기라는 표현에 공감한다. 목적하는 것을 이루기 위해 잠도 못 자면서 집중해서 했으나 별로 마음에 안 드는 경우가 대부분이었다. 그것을 완전히 손에서 놓고 산책을 하거나 다른 사람과 어울려 대화를 하는 등 많은 시간이 지난 후에 새로운 아이디어가 떠오르고 방향이 잡히는 것을 여러 번 경험했다. 그래서 방학은 너무나 좋은 예열기이다.

8. 14 (일) 사회의 모순

영서와 산책을 하고 마라탕 먹으러 버스를 타고 시내에 갔다가 버스 정류장 안에 들어갔는데, 에어컨을 틀어서 너무 추웠다. 밖에 온도가 거의 29° 되는데 안은 21°였다.

학교에서는 안팎의 온도 차가 5° 이상 나면 안 된다고 했다. 국가는 그걸 안 지키고 있는 것이었다! 이런 게 바로 사회의 모순?

8. 15 (월) 컬러링 재미있네!

취미 활동을 하는 사람은 우울증과 불안 장애가 생길 위험이 적다고 한다. 나의 취미를 생각해 보니 그림에 관심이 있는 것 같아서 컬러링을 해보았다.

색칠하면서 마음에 잘 안 드는 부분이 있기도 했는데, 완성하고 나니 생각보다 훨씬 만족스러웠다. 색깔이 주는 즐거움이 있고, 아름다운 디자인이 주는 편안함이 느껴졌다. 시간이 있으면 되도록 전자 기기를 보지 말고 취미 활동을 해야겠다.

8. 16(화) 수학 문제 꼼꼼히 읽기

경우의 수에 대해 예습했다. 문제집에 있는 단원 마무리 테스트를 했는데, 생각보다 매우 달라서 놀랐다. 알고 보니 그 문제들을 제대로 읽지 않아서 틀린 문제들이었다. 이런 적이 한두 번이 아니어서 매번 주의하려고 하지만 막상 문제를 보면 대충 보고 넘어가게 된다. 이건 꼭 고쳐야 하는데….

예습을 다 하고 연극 대본을 외웠다. 불행인지 다행인지, 올해 작품엔 내 분량이 많지 않아서 외워야 할 대사가 적었다. 이제 연극제까지 한 달 정도 남았는데 연극제 할 생각에 걱정도 되지만, 연극제에 가려면 학교를 빠져야 하는데 그 시간 수업을 듣지 못한다는 것도 걱정된다. 그렇다고 안 갈 수는 없고…, 뭐, 어떻게든 되겠지…. ㅎㅎ

8. 18(금) 하루 동안 목록 없이 했더니…

평소 할 일 목록을 쓰고 그걸 하나씩 지우면서 일한다. 그런데 어제는 목록을 만들지 않았다. 왠지 귀찮기도 했고 지금까지 잘했으니 '목록 없이도 괜찮겠지'란 마인드로 목록을 만들지 않았다. 일어나고 평소 같았으면 스트레칭, 영 단어 외우기를 했겠지

함께 쓰는 수학 일기

만, 오늘은 오전부터 게임을 했다. 그렇게 오후가 되어 구몬을 하고 EBS를 했다. 남은 시간은 거의 youtube를 보는 데 사용했다. 목록이 있었다면 운동이나 독서를 했지, 절대 이렇게는 안 한다. 저녁을 먹고 다시 youtube를 보고 오늘 내가 뭘 했는지를 생각했다. 정말 쓸데없는 데 시간을 낭비했구나! 계획이 있고 없고 차이는 정말 큰 것 같다. 겨우 목록 하나 없이 살았을 뿐인데….

8.23(화) 기대와 각오로 2학기 출발~

오랜만에 학교에 가는 개학 날이라 평소보다 일찍 일어나야 해서 조금 힘들긴 했지만, 친구들을 만날 생각을 하니 기대가 되었다.

1교시에는 담임 선생님 시간이라서 새로 자리도 바꾸고 1인 1역도 정했다. 나머지 교시도 몇 과목은 진도를 나가고 몇 과목은 특별 활동을 했다. 그중에서도 가장 기억에 남았던 활동은 과학 시간에 한 활동이다. 제비뽑기로 짝꿍을 정한 뒤 그 친구가 방학 동안 어떻게 보냈는지 물어보는 것이었는데, 다른 사람의 방학 생활에 대해 듣는 것이 은근 재미있고 색다르게 느껴졌다. 이제 2학기도 시작되었으니 열심히 달려야겠다!

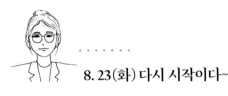

8. 23(화) 다시 시작이다~

　개학이라 어젯밤에 일찍 자고 일찍 일어나 심호흡을 하고 출근했다. 오랫동안 비어 있던 교무실에 들어서니 방학 동안 물을 먹지 못한 화분에 잎이 마르고 늘어져 있는 모습을 보니 안쓰럽고 미안했다.

　오랜만에 수업에 들어가서 첫 시간인데 목이 아팠다. 방학 동안 큰 소리로 말하지 않아서 몸이 반응한다. 집에서 늦잠 자던 습관의 학생들이 자꾸만 엎드린다. 기어코 그 학생을 일으켜 세워 수업했다. 학교는 배우는 곳이기에 그 학생만 배움에 참여 안 하는 것을 그냥 지켜보는 것은 내가 용납이 안 되기 때문이다.

　방학 전에 다뤘던 순서쌍과 좌표를 복습 겸 '씨앗, 새싹, 쑥쑥, 꽃, 열매' 단계로 학습지를 만들어 제시했다. 난 '쑥쑥' 수준의 학생들을 찾아 개별적으로 이해시켰다. 순서상으로 제시된 점을 좌표 평면상에 나타내는 것인데, 전체를 놓고 칠판에서 설명하는 것보다 1:1로 만나서 설명했더니, 거의 다 이해했다. '열매' 문제는 "점 (a, b)가 제 2사분면의 점일 때, 다음 점은 몇 사분면 위의 점인가?"인데, 문자로 제시되었고 1학기에 배운 연산과 연결하는 것이라 학생들끼리 여기저기 모여서 토론을 하고 있었다.

8. 23(화) 방학 중에 생긴 책상의 낙서

아침 7시에 일어나 피곤한 몸을 이끌고 학교에 간다. 개학 첫날이라서 그런가 보다. 교실이 익숙하면서도 낯설다. 가방을 내려놓고 책상을 보니 뭔가 적혀 있었다. 방학 중에 우리 학교가 외부 기관 시험장으로 사용되었다고 했는데, 시험 보러 온 사람이 적은 글이었다.

'공부 열심히 해~ 취준생인 언니? 누나? 시험 잘 보고 갑니다. 잘 찍었기를.^^'이라고 쓰여 있었다. '언니? 누나?'라는 구간에서 언니에게 동그라미를 쳤다. 그 글 밑에 '취업 잘하길 바라요, 언니~^^'란 댓글을 썼다. 책상으로 누군가의 글을 보는 것도 괜찮은 것 같다.

방학 동안 머리를 자른 친구도 많았다. 개학 날인데 수업을 한단다. 다행히 수업이 방학 동안 뭘 했는지 묻는 거라서 나쁘진 않았다. 한 3, 4교시 쉬는 시간에 책상에 글이 또 있다는 걸 알았다.

'엔시티 좋아하늬? 내 최애는 재민이야.♡'라고 적혀 있었다. 곰곰이 내가 무슨 아이돌을 좋아하나 생각했다. 그런 건 없었다. 그래서 이번엔 댓글을 안 썼다. 점심을 먹고 수업이 끝났다. 다행히 청소는 없었다. 집에 와서 유튜브 보며 간식 먹고 잠들었다. 별로 한 것은 없었는데, 몸이 피곤했나 보다.

8. 25(목) 배우는 것은 즐거워

좌표와 그래프 단원의 그래프를 해석하는 수업을 했다. 번지 점프 할 때 몸의 움직임, 허들 경기하는 사람 몸의 높이 등, 생활과 관련된 부분을 제시했다. 그러나 생활 속 상황을 이해 못 하니 수학적 그래프 해석을 이해 못 하는 것이다. 그래서 관련 영상을 준비해서 번지 점프하는 영상을 보니 몇 번이나 위로 올라갔다가 아래로 내려가는 출렁임이 이해되는 것 같다. 허들 경기하는 선수의 발이 공중에 떠 있거나, 계속 점프하는 것이 아닌 도움닫기로 뛰어가는 것을 그래프로 반영한 것을 이해하였다. 그래프 해석이 어려운 것이 아니라 생활 속 상황을 체험하거나 관찰하는 것이 부족한 것이 더 부족하다.

교과서 풀이가 끝나고 미션을 제시했다.

[형이 시속 5km로 인라인스케이트를 타고 가고, 5시간 후에 동생이 시속 20km로 자전거를 타고 할머니 댁에 가는 것을 ① 그래프로 나타내고, ② 누가 먼저 도착하는지, ③ 형이 출발하고 시간이 얼마나 지나서 만날까?]

9반 학생들이 의욕적으로 친구들에게 묻고 자기주장을 하면서 한창 토의한다. 수업이 종료되어 풀이하지 못하고 다음 시간에 하기로 했는데, 계속 여기 저기 모여서 이야기를 하고 있었다. 챙겨 간 학습 자료를 정리하고 조금 늦게 나왔는데, 복도 휴게 의자에 여러 명이 계속 그 문제에 대해 토의를 하고 있었다.

함께 쓰는 수학 일기

너무 쉬운 과제보다는 점프 과제를 던져 주는 것이 필요하고, 교사가 가르치기보다는 학생들이 궁금해서 서로 토론하며 더 잘 배우는 것을 생각하게 되었다. 그런 학생들을 보며 '학이시습지면 불역열호아(배우고 그것을 때때로 익히니 기쁘지 않겠는가)'가 떠올랐다.

8. 26(금) 시련은 변장하고 나타난 축복이다

고도원의 아침 편지로 유명한 분이 있다. 지금 70세가 넘은 분인데, 어린 시절에 부모님을 따라 이사를 너무 많이 다녀 학교에서 친구 하나 없이 왕따처럼 생활하게 될 때가 많았다고 한다. 그런 때에 너무 친절한 동네 형을 따라가 시키는 대로 했다가 예전 푸세식 화장실, 즉, 똥통에 빠졌다고 한다. 똥통에 빠진 자신을 비웃는 그 동네 형을 보고 그 배신감에 우울증이 생겨 문밖에 나가지 않고 집에 틀어박혀 생활했다고 한다. 그런데 이 시련이 놀라운 변화를 일으킨다. 너무 심심해서 독서를 할 수밖에 없는 환경으로 이어졌고, 그렇게 쌓인 독서는 인생의 큰 변환점을 만들고 후에 아침 편지 독자가 400만이 넘게 되었으며 지금도 그 연장선에서 치유 프로그램을 운영하고 계신다.

교사로서 환경이 어려운 아이들을 격려하거나 지도하면서 대부분 기준을 다른 아이들과 비슷하게 행동하기를 바라는 마음이 있다. 그럼 안심이 된다. 고도원 님의 이야기를 책에서 보고 묵상을 하게 되었다. 그 아이들은 아무리 격려해도 그 마음이 쉽게 회복되지 않을 것이다. 그 시간이 오히려 그 아이에게 축복이 되도록 기도하고 격려하는 것이 더 좋겠다는 결론을 내렸다.

아이들뿐 아니라 나 스스로에게도 축복에 대한 긍정적이고 강한 믿음이 필요할 것이다. 시련에 절망하지 않고 '변장하고 나타난 축복이구나'로 긍정적으로 담대하게 대처하는 것이다.

8. 27(토) 수학으로 생각하는 힘을 기른다

영재교육원 수업으로 '가위질 한 번으로 주어진 조건 만족하기'를 했다.

✓ 원하는 그림만 남기기

✓ 정다각형(정3, 정5, 정6, 정8각형) 만들기

✓ 창의적 무늬 만들기

✓ 한글 자음 만들기

퍼즐은 놀이라고 생각하는 사람들이 많은데, 수학이 논리적이고 합리적으로 생각하는 힘을 기르는 것이라는 본래 취지로 보면 공간의 원리를 이해해서 논리적으로 생각하는 훈련이다. 복잡한 문제를 푸는 게 낫겠다면서 한숨을 쉬는 학생도 있었고, 잘라서 만들어질 모양을 추론해서 다양하게 종이를 접어서 시도하여 성공하는 학생들도 있었다.

이런 수학으로 끌고 오지 못한 것은 우리 수학 교사들의 책임이라고 생각되었다. 수학적 의미를 생각할 겨를 없이 문제 풀이로만 몰고 가는 물꼬를 바꿀 생각을 못 했다. 수학 교과서에 나오는 문제가 아니면 그냥 수학 체험전에서 한다거나, 퀴즈나 퍼즐이라고 제쳐 두었던 것은 아닐까? 생각하는 힘을 기르는 수학으로 방향을 전환하는 데 힘을 쏟지 못한 것이 내 책임인 것 같은 안타까움이 밀려온다.

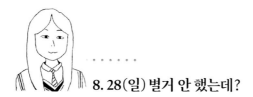

8. 28(일) 별거 안 했는데?

수련이와 4시에 만나 도서관에 갔다. 도서관에 석희가 공부하고 있었다. 열심히 공부하고 있어서 인사하지는 않았다. 도서관에서 공부하는 모습을 보니 역시 모범생이란 생각이 들었다….
(부럽)

시내에 있는 마라탕 집에 갔다. 가격이 19,300원 나왔다. 20,000원을 줬는데 거스름돈이 7,000원…? 다시 계산대로 가서 7,000원을 주고 700원을 받았다. 마라탕을 먹고 펄 라테를 사고 정류장에 갔다. 그때가 거의 7시였다.

오늘 한 일=수련이와 도서관+돈 챙기려 수련이네 집+버스 타고 시내 도착+마라탕+라떼 주문+버스 타고 집에 오기=약 3시간 걸림…. 시간이 진짜 빨리 간 것 같았다.

8. 29(월) 질문이요~

수학 시간에 삼각형 합동 조건을 배우고 있었다. 선생님이 RHS 합동, RHA 합동을 설명하셨다. 여기서 궁금증이 생겼다. SAS 또는 ASA 합동은 사이에 변이나 각이 있어야 합동이 된다. 여기에 순서가 중요하다. 그런데 RHA와 RHS는 순서를 바꿔 써도 맞는 건지 의문이 들었다. AHR, SHR로 써도 되는 걸까?

그래서 질문을 했다. 어떤 애가 "AHR? ㅋㅋ" 하고 내가 질문한 걸 비웃는 것 같았다. 샘은 답변으로 '지권우'처럼 말하는 것과 같다고 하셨다. 음…, 왠지 기분이 나빠졌다.

적당한 예시를 찾으려 했던 건 알지만 이름을 예시로 드는 건 적당하지 않은 것 같다.

8. 30(화) 손에 쥔 연장이 망치인 사람은 세상 모든 문제가 못으로 보인다

1학년 전체 학생들이 29(월)부터 31(수)까지 2박 3일 수련회를 떠났다. 부담임이라 인솔에 참여하지 않고 학교에 출근하기로 했다. 좋은 기회다 싶어 바쁠 때 듣지 못했던 연수를 작정하고 듣기로 했다. 연수는 〈정재승의 스쿨 브레인〉이다.

함께 쓰는 수학 일기

청소년기 학생들의 학습이나 술, 담배, 스마트폰 사용에 관한 전반적인 지도를 할 때 감정이 아닌 뇌의 활동을 이해하고 지도하는 데 도움이 되는 연수다. 먼저 술, 담배는 절대 하면 안 된다. 이로 인해 실제 뇌 속의 해마가 줄어들기 때문에 현저하게 지능이 떨어진다. 잠자기 전의 학습이 기억에 가장 좋으므로 스마트폰 게임은 이른 저녁에 하고 되도록 늦은 시간에 공부하며, 수면을 반드시 8시간 이상 충분히 자고 10시간이 가장 이상적이라고 했다. 오전에 학습한 것보다 오후에 학습한 것이 오래 기억될 가능성이 훨씬 크다. 같은 뇌 기능을 하는 공부를 묶어서 같이 연속으로 하는 것이 뇌가 집중하는 것을 바꾸는 에너지를 사용하지 않아 좋다.

예전에 우리 사회는 한 우물을 파는 것이 좋다는 법칙이 유행이었다. 그런데 지금은 움직이는 과녁을 맞히는 활동을 해야 하는 시대로 변화되었다. 그래서 선택적 집중과 포괄적 집중을 조화롭게 해야 한다. 동물에 비유한 표현이 재미있었다. 여우는 사소한 것을 많이 알고, 고슴도치는 중요한 것, 한 가지를 알고 있다. 이제는 여우의 태도가 더 유용한 시대가 되었다는 것이다. 그래서 다양한 상황에 맞는 다양한 사고를 할 수 있는 창의력을 발휘해야 하는데, 손에 망치만 들고 있으면 세상을 이분법으로 보고 못을 치는 방식으로는 다양한 문제를 해결할 수 없다는 것이다. 훈련을 통해 다양한 방법을 뇌가 기억하도록 해서 다양한 문제 해결 방법을 사용해야 한다. 여기에 훈련이 필요한 시간은 1만 시간의 법칙을 적용해 보면 좋다고 한다. 법칙이라고 우길 수는 없지만, 연관성은 있다고 한다. 모차르트의 일기를 보면

3살부터 피아노를 치기 시작해서 10,000시간이 지났을 무렵부터 두드러지게 연주할 수 있게 되었다고 한다. 흔히 많이 보는 영재들이 어떤 것을 아주 좋아하여 종일 그것만 해도 지루하지 않고 오히려 못하게 될 때 하고 싶어 울기도 한다고 하는데 그래서 10,000시간을 채운 즈음 어린 나이에도 두각을 나타내는 것 같다. 개인차는 있겠지만 내가 잘하고 싶은 어떤 것을 하루에 어느 정도 하고 있는가 따져 보고 10,000시간이 되었을 시점을 생각해 보면 얼마나 더 열심히 해야 할지를 알 수 있을 것 같다. 인생 계획을 세우는 데 참고할 만하다.

이 연수의 가장 중요한 사항은 창의력인데, 정해진 규칙이나 지식이 없이 그냥 막 생기는 것이 아니라고 한다. 이미 많은 것을 잘 알고 있는데 그것을 다양하게 연결할 뇌 활동 시간을 가져야 한다. 자유로운 사고의 시간! 그래서 뇌가 가장 효율적으로 잘 사용되는 나이는 생각 외로 46세~53세라고 한다. 경험치가 지식을 다양한 모양으로 재구성할 수 있게 해 주는 능력이 극대화되는 시기라는 것이다. 우리가 손에 망치만 쥐고 있지 않도록, 특히 교사로서 아이들에게 망치만 쥐어 주지 않도록 노력해야 할 일이다.

8. 30(화) 변형 오더리에 도전

'오더리(질서 정연하게 엉켜짐)'에 대해 여러 가지 소재를 사용해 전시했다. 종이, 스틱 밤, 대형 목재, 대형 폐박스 등이 전시되어 있는데, 소재의 두께에 따라 삼각형 오더리 모양이 만드는 길이의 규칙을 찾고 있다. 누군가는 11배라고 했는데, 막상 해 보니 안 되어서 계속 시도하고 있다.

그러던 중 삼각형이 아니라, 더 길게 하면 바깥으로 튀어나온 것이 멋질 것 같아서 나무젓가락과 핫 바 꽂이(40cm) 등으로 도전하고 있다. 연결을 빵 끈으로 했더니 움직여지고 고정하기 힘들어서, 글루건을 사용하여 붙이려고 기술실에서 빌려다가 시도했다. 그러나 두께가 있어서 정확하게 안 되고, 바깥으로 튀어나온 것 때문에 관찰이 어려웠다. 진현우와 박범진이 와서 셋이서 각자 한 개씩 만들고 있다. 기존 오더리와 다른 분위기의 모습이 볼수록 멋있다!

8. 31(수) 너 자신을 알라

〈정재승의 스쿨 브레인〉 2탄이다. 소크라테스의 '너 자신을 알라'를 유우머로 정색하는 표현으로 사용하기도 했는데, 학습에 관한 중요한 고찰을 담고 있다고 한다.

첫 번째 단계는 나 자신의 학습 능력에 대해 정확히 인지하는 것이다. 그리고 주어진 과제의 난이도를 인지해야 한다. 인지는 알아차리는 정도가 아니라 수행 과정을 시뮬레이션 해서 그 맥락을 이해하는 일련의 과정을 말한다고 한다. 자신과 과제에 대해 인지하고 내가 어느 정도 수행할 수 있는가, 즉 쉽게 바로 그 과제를 해결할 수 있는가, 아님 어느 정도의 긴 시간이 필요한지를 가늠할 수 있어야 하는데, 이것이 너 자신을 알라의 맥락이라고 한다. 이것은 마치 과제를 수행하는 나 자신을 내가 지켜보는 것과 같은 안목을 가져야 하는 것이라고 한다. 그렇게 되면 학습을 해야 하는 과제에 대해 계획을 적절하게 세우고 성취하는 데 어려움이 없다.

메타인지 학습의 또 하나 결정적 태도는 '마인드 셋'이라고 하는, 좀 쉽게 표현하면 어떤 일을 대하는 마음가짐, 도전 정신 등을 포함한 것이다. 고정 마인드 셋은 메타인지를 통해 알게 된 나 자신이 이 과제를 할 수 있는지 없는지를 판단하여 '할 수 없다'고 판단되면 포기하도록 하는 것이다.

그런데 의외로 학교에서는 고정 마인드 셋을 많이 표현하고 있다고 한다. 권장하는 것은 성장 마인드 셋이고, 〈아직〉 잘하지 못하지만 〈노력〉하면 〈발전〉할 수 있다는 태도가 있는 것이라고 한다. 호기심이 있고 그것을 해결하려는 문제 해결 능력이 조금 못미치더라도 노력하면 더 나아진다는 긍정적인 메시지를 내적으로 충만하여 그것을 늘 표출할 수 있어야 한다는 것이다. 그래서 무조건 잘한다는 칭찬도 좋지 않고 결과만 평가하는 것도 좋지 않고 과정을 중요하게 여기면서 격려하는 것이 중요하다고 한다. 이러한 마인드로 학습 계획을 세울 때 코앞의 쪽지 시험과 중간고사, 기말고사, 그리고 수능까지 장단기 학습에 대해 유연하면서도 짜임새 있는 계획이 필요하다고 한다.

실제로 정재승 박사는 일기를 초등학교 과제를 통해 쓰기 시작했지만 중고등학교까지도 계속 쓰면서 메타인지가 잘 이루어지도록 했고, 성장하는 과정에 자부심을 느끼고 또 다른 성취의 원동력이 되도록 했다고 한다. 뇌 연구를 할 때 실제로 우리가 알 만한 천재 과학자, 음악가, 건축가, 수학자 등의 뇌를 알고 싶어 하는 것이 먼저였을 텐데, 뇌와 그 신경 세포의 관련성을 따질 때 그 시기에 어떤 활동을 했는지 적은 일기가 중요한 자료가 되었다고 한다.

나 자신이 어떤 사람인지를 단번에 설명하기 어렵다. 그런데 일련의 기록을 객관적 시각으로 나를 볼 수 있도록 한다면 다른 사람보다 내가 자신을 가장 잘 알게 될 것 같다.

9월 함께 쓰는
수학 일기

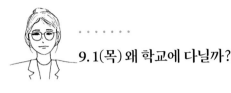

9. 1 (목) 왜 학교에 다닐까?

9월이 시작되는 첫 시간이라 [진정한 배움]이라는 주제로 PPT로 제시하면서 이야기를 잠깐 했다. '왜 학교에 다니느냐?'고 질문했더니, '학생이니까', '부모님이 학교에 가라고 하니까', '의무니까'라고 몇 명이 답을 한다.

문제를 풀어야 하고, 이해도 안 되는 것을 외워야 하고, 시험공부를 해서 성적이 좋아야 하는 것에 치중하다 보니 학생의 의무라서, 학교에 안 가면 부모님께 혼나니까 학교에 오는 것이 현실이다.

누가 하라고 해서 억지로 오는 것으로 인생의 가장 귀한 젊음의 시간을 보내는 것은 너무 아깝다. 내가 가장 가치 있게 살려면 절대 학교에서 졸면 안 되고, 그러기 위해서는 집에서 충분히 자야 지적이나 정서적으로 좋다. 가장 사랑하는 자기 자신이 잘되기를 바란다면, 학교에 왜 다니는지 생각을 정리해서 일기를 써 보라고 권했다.

학교에 다니면서 참으로 배우게 되면 자신의 잠재 능력을 끌어내게 되어, 나를 찾고, 친구를 만나고, 세상을 알게 되는 것으로 마무리를 했다. 친구를 포용할 수 있는 범위가 넓을수록 더 많은 성장이 있을 테니, 친한 친구만 아니라 다양한 친구를 끌어안을 수 있도록 강조했다.

9.1(목) 골드버그 첫 번째 연습

방과 후에 1학년 후배와 기가실에서 골드버그 대회를 연습했다.

각자 말없이 장치를 만들고 있었다. 만들고 기록하고 남자애가 뭘 만드는지 봤다. 종이컵 2개를 실로 연결하여 하나의 종이컵에 구슬이 떨어져 들어가면 다른 한쪽이 올라오는 거라고 설명했다. 그리고 올라온 종이컵이 어떤 걸 치게 하여 구슬이 굴러가게 할 거라고 했다. 난 종이컵이 쳐서 굴러가게끔 장치를 만들었다.

기가실에 약 1시간 30분 정도 있었다. 장치를 만드는 동안 너무 조용해 숨 막힐 것 같았다. 불편했다. 여자애였다면 수다라도 떨 수 있을 텐데, 남자와 그건 안 된다. 그렇다고 쓸데없이 뭔가를 물어보기도 좀 그랬다.

그래서 둘 다 말이 없었다. 드디어 장치 2개를 성공시키고 적막했던 곳에서 벗어났다. 집에서 생각해 보니, 그 종이컵 장치 성공이 어려웠던 이유가 올라오는 힘이 너무 약해서였다. 그래서 다른 종이컵이 떨어질 때 어떻게 큰 힘을 줄지가 문제였다. 그런데 그 떨어지는 것이 종이컵이 아니라 도미노였다면? 도미노는 유리구슬보다 훨씬 무겁지 않은가! 다음에 남자애를 만났을 때 이 생각을 말해 봐야겠다.

9. 2(금) 전시했다고 모두 본 것은 아니다

　창체 동아리를 조직하고 첫 시간으로 활동 계획을 이야기하고 동아리 반장을 뽑았다. 3학년 준혁, 2학년 민경이가 희망해서 소견 발표 후에, 투표 종이에 기호를 써서 개표한 결과 3학년이 반장, 2학년이 부반장이 되었다.

　첫 시간이고 1시간만 활동하니 교내에 게시된 '도전 수학 퀴즈 9차' 문제를 풀어 보게 하였다. 기발하게 해결하는 학생들이 나왔다.

　교내에 도전 수학 퀴즈 문제와 정답, 정답자의 명예의 전당이 있었는데, 그 게시판을 못 본 학생들이 많았다. 교내에 워낙 게시물이 많기도 하다. 그런데 학생들이 그런 게시물을 꼼꼼히 잘 안 본다는 것이다. 수업했으니 학생들이 모두 알게 되었다고 생각하지 말고, 전시했다고 모두 보는 것은 아님을 실감했다.

　점심시간에 민경이가 수석실에 와서 수학 토론에 관하여 이야기하다가 'fast pass 제도', '신항로 개척'에 대한 찬반 토론까지 이어졌다. 민경이는 겨우 중학교 2학년이지만 다양하고 깊이 있는 생각을 하기에, 교사와 학생이라는 차이를 느끼지 못할 정도로 진지하게 토론하며 생각하는 시간을 가졌다.

9. 2(금) 듣고 생각하는 힘

수련회가 끝나고 집으로 돌아오는 버스에서 담임 선생님이신 이관용 선생님께서 다음 주부터는 다른 선생님께서 8반 담임을 맡으실 거라고 하셨다. 일부 아이들은 좋다고 말했었다. 그런데 나는 생각이 달랐다.

관용 선생님께서는 조회 시간, 종례 시간, 심지어 일주일에 한 번 있는 기술 시간에도 매번 인생에 대한 조언을 모두에게 해 주셨다. 처음에는 나도 다른 아이들과 같이 그냥 선생님께서 혼자 하고 싶은 말씀 하시는 줄 알았다. 그러던 학교생활이 반복되자 나는 뭔가 진짜 관용 선생님께서 하고 싶은 말이 뭔지 조금은 느껴졌다.

관용 선생님의 초롱초롱한 눈빛, 웃음기 하나 없으신 진지한 표정, 관용 선생님은 진지하게 진정한 '배움'을 알려 주시지만 우리는 받아들이지 못했었다. 안타까운 현실이지만 선생님 말씀에 귀 기울이는 사람은 적었다. 지금 생각해 보니까 우리 학교, 학원, 인강 선생님이 공통으로 배움은 학교 안에서만 있는 게 아니라 학교 밖에서도 있고, 학교에서는 다른 아이들과 사회생활의 연습을 하고 협동심을 기르는 거라고 공통으로 말씀하신다. 일찍 알았으면 공부가 힘들지는 않았을 것 같았다. 책에 있는 작가들의 생각, 그동안 만났던 여러 사람들을 보면서, 나도 사회에 살아가는 데 방법을 배운 것 같다. 앞으로도 많은 사람들의 생각을 들어야겠다.

삼국지를 보면 유비, 관우, 장비가 나오는데, 유비보다 싸움을 더 잘하는 관우, 장비가 있음에도 유비가 맏형인 이유는 다른 사람들의 말에 집중해서 들어주고 공감까지 잘해 줘서가 아닌가 싶다. 나도 유비처럼, 다른 사람들의 말에 귀 기울여서 '배움'을 더 많이 얻고 싶다.

9. 2(금) 친구 선생님 프로젝트

정비례와 반비례를 활용하여 여러 가지를 복합적으로 해결하는 난이도가 높은 문제 8개가 있는 학습지가 주어졌다.

우리 7모둠의 문제가 난 제일 어렵게 느껴졌다. 정비례인 직선과 반비례인 곡선의 두 교점 사이에 있는 삼각형의 넓이를 구하는 문제다. 모둠끼리 7번 문제를 풀어서 익혀야, 다른 학생들이 이동하여 왔을 때 설명해 줄 수 있게 된다. 선생님께 풀이 방법을 질문해서 내가 먼저 이해한 뒤에 우리 모둠원에게 모두 알려 줘서, 선생님 역할을 할 때 알려 줄 수 있도록 준비했다.

2분 간격으로 다른 모둠으로 이동해서 나머지 일곱 문제에 대한 설명을 듣고, 그 모둠이 잘 설명했는지 평가를 했다. 다음으로는 내가 선생님이 되어 우리 모둠에 온 친구에게 설명해 주었다. 개념을 잘 몰라서 어렵게 느껴졌지만 여러 번 반복 설명하다 보니 오히려 우리 문제가 쉽게 느껴졌다.

함께 쓰는 수학 일기

친구들에게 설명해 주어 그 친구가 답을 알게 되는 모습을 보니 뿌듯했다. 그런데 2분간 설명해야 하는 시간이 조금 짧은 것 같다.

9.3(토) 배움을 즐기는 교사들

태안고 '배움 중심 수업' 연수에서 강의를 하였다. 대부분 연수가 공주 소재 연수원이나 천안 지역에 개설되어서, 서부 지역인 태안에서 개설되었다. 주말인데, 태안, 당진, 홍성, 예산 그리고 멀리 천안과 서천에서까지 자원해서 연수를 오신 교사들의 교수-학습에 대한 교사들의 열정을 보니 수학 교육의 새로운 물꼬가 열리고 있음이 느껴졌다.

연수 마치고 우리 전문적 학습 공동체 교사들이랑 점심을 먹었다. 그동안 줌 화상 회의로 모니터를 보면서 연수와 대화를 했는데, 대면으로 이야기를 나누니 훨씬 친근하고 즐거웠다.

B 샘의 담임 반에 50대의 만학도 학생 이야기를 듣고, 우리나라 구석구석에 배움에 대한 열정을 가진 사람들에게 배움을 즐기게 해 주는 교사의 역할에 대하여 생각하게 되었다.

9. 3(토) 영화와 책을 보며 성장한다

학교에서 과학 자유 학기제로 영화 〈아일랜드〉를 보았다. 복제를 통해서 인력을 늘리거나 사회에 부족한 부분을 채워 줄 수있는 좋은 점만 있는 줄 알았는데, 복제 인간의 아이, 장기 등을의뢰인한테 팔아서 돈을 버는 끔찍한 모습이었다.

적어도 같은 고통을 느낄 수 있는 인간인데 그저 '도구'로만 사용하는 안타까운 생각에 '역지사지'가 떠올랐다. 복제 인간을 통해 이득을 보는 사람이 '자신이 복제 인간으로 태어나도 그 '운명'을 받아들일 수 있을까?'라는 의문이 든다.

손원평 작가님의 〈아몬드〉에서 너무 큰 감동을 하고, 〈튜브〉를읽었다. 역시 손원평 작가님의 소설은 쓴맛, 신맛, 단맛 그리고유머 한 스푼까지, 적절한 비율로 어우러져 있어서 보는 내내 마음을 잡았다.

'명성을 쌓는 데는 20년이 걸리지만, 이를 무너트리는 데는 채5분도 걸리지 않는다(워런 버핏)'는 말이 되새겨졌다. 박실영이 위로한 "잘 살펴봐요, 지나온 삶을. 엉망이기만 한 삶은 있을 수가없어요. 그런 건 애초에 불가능해."라는 말이 내 마음도 따뜻하게 감싸 주었다.

9. 4 (일) 덴마크의 부러운 수학 시험 제도

EBS 다큐를 봤는데, 덴마크에서는 시험이 줄 세우기가 아니라 학생들의 배움이 목표이기에 풀이가 맞으면 답이 틀려도 된단다. 정답이 아니어도 되고, 실수를 해도 되지만 틀린 부분이 무엇인지 찾을 수 있어야 한다. 수학이 어려울지언정 공포는 아니라는 그 나라 학생들이 부럽다.

우리도 자유 학기제 수업에서 그렇게 하고 있으나, 현재 적용되는 자유 학기제를 누리기보다는, 2학년이 되어 지필고사를 보고, 수능을 치러야 한다는 생각에 미리부터 두려워한다.

우선 평가 시스템을 바꿔야 수학에 대한 공포가 사라진다는 것을 아는데 실천하지 못하는 우리 교육이 정말 걱정된다. 이런 학생의 사고력과 배움에 초점을 둔 평가 철학을 목말라하고 있는데, 시원하게 구현하는 덴마크가 너무나 부럽다.

9. 4 (일) 2학년 수학 교과서 미리 들여다보다

집에서 2학년 수학 교과서를 넘기는데, 어려운 문제들이 많아서 내가 이 문제들을 다 풀 수 있는지 걱정이 됐다.

한편으로는 나도 이런 어려운 문제를 풀어 본다는 생각에 신났다.

책에 있는 단항식의 곱셈과 나눗셈의 혼합 계산을 보고 막막했지만 인터넷 강의를 듣고 푸니까 생각보다 괜찮았다.

처음 했던 생각과는 달리 쭉쭉 푸니까 뿌듯하고 재미있었다. 내가 푼 문제들도 답이 맞아서 더 뿌듯했다. 내년 2학년 수학이 기대된다.

9. 5(월) 꿈이란 뭘까?

새로운 담임 선생님께서 오셔서 '자기소개서'를 작성하라고 하셨다. 항상 나오는 필수 질문 중 하나인 '꿈이 무엇인가?'라는 질문이 있었다. 그런데 여기에서 말하는 꿈은 직업을 쓰라고 했다.

나는 꿈이 없어서 매번 작성할 때마다 힘들었다. 그래서 이번 추석 때 성격 검사랑 진로 찾기를 해 보려고 한다.

You can achieve any dreams you set your mind to. Don't underestimate the power of your dreams. (당신은 당신의 마음속에 정한 꿈을 반드시 이룰 수 있다. 당신이 가진 꿈의 힘을 과소평가하지 마라.) - Corinna Kong -

함께 쓰는 수학 일기

9. 5 (월) 토론 수업이 힘들었던 이유

3일 동안 짬짬이 '생각의 지도' 책을 다 읽었다. 기원전 3세기 그리스인들은 자신이 좋아하는 공연을 보기 위해 아무리 먼 거리여도 달려가서 새벽부터 황혼까지 관람하는 것을 특별한 일로 여겼고, 동양인들은 친구나 가족의 방문을 더 특별한 행사로 여겼다.

'동사'를 즐겨 쓰는 동양인은 세계를 종합적으로 이해하고, 맥락에 주의를 기울여 사건들 사이의 관계성을 중요하게 여기고, '명사'를 즐겨 쓰는 서양인은 사물을 주변 환경과 떨어진 개별적이고 독립적인 것으로 이해하고, 어떤 상황을 개인이 통제할 수 있다고 생각하고 있다.

개인의 자율성을 중시한 고대 그리스 문화는 논쟁의 문화를 꽃피워서 일개 평민일지라도 왕의 의견에 반기를 들고 왕과 논쟁을 벌이고, 설득으로 군중을 자신의 편으로 만들 수 있는 토론이 유전자처럼 가지고 있는 문화였다. 그러나 동양권에서는 논쟁을 인간관계를 해치는 위험한 요소로 여겨서 학교에서의 토론 문화가 활성화되지 않았다.

토론 수업을 권장하고 있지만, 뿌리 깊은 우리의 문화적 차이를 뛰어넘기 어려웠던 것이 이해되었고, 우리 정서에 맞는 토론 수업을 어떻게 운영할지에 관한 고민을 하게 되었다.

9. 6 (화) 병원 진료 받느라 동동동…

태풍 때문에 등교 시간이 늦춰졌다. 그래서 시간이 되지 않아 가지 못했던 병원을 아침에 갔다. 몇 달 전부터 턱관절이 불편했는데, 좀 심해져서다.

8시 반쯤 홍성의료원에 가서 1시간 30분 정도 기다리고 10시에 진료를 봤다. 진료를 다 봤는데 등교 시간까지는 30분이 남아 있었고, 나는 40분 정도 물리 치료를 받아야 했기 때문에 제시간에 학교에 가지 못할 것 같아 담임 선생님께 연락을 드렸다.

그런데 물리 치료가 생각보다 일찍 끝나서 빨리 가면 수업 시작인 10시 40분까지는 갈 수 있을 것 같아서, 빨리 수납을 하고 나와서 학교로 갔다. 도착해서 신발을 갈아 신고 교실이 있는 3층으로 뛰어가니 수업 시작 종이 울렸다. 허겁지겁 교실에 가방을 놓고 체육 수업을 하러 체육관으로 가는 내 모습이 마치 늦잠을 자다 지각을 한 학생처럼 보일까 봐 눈치가 보였다…. 흑흑.

다음 주 수요일에 다시 병원에 가야 하는데 그전까지 무리해서 턱을 쓰지 말고 약도 꼬박꼬박 잘 먹으면서 관리를 잘해야겠다.

9. 6 (화) 감기에 걸린 지구 그리고 나

사촌 동생들이 지구가 상당히 아프다면서 길거리에 쓰레기가 보이면 주워서 집으로 가져간다는 이야기를 들었다. 듣는 순간 머리가 멍해졌다. 유치원생인 사촌 동생들도 저렇게 지구를 위해서 작은 거라도 실천해 가는데 학교에서 지구 온난화, 환경 보호에 대해 많이 배우고 있는 나는 실천을 하지 않고 있다는 것을 자각했기 때문이다. 그래서 나는 생각했다. 지금부터라도 하나하나 실천해 나가기로 말이다.

그 생각을 한 뒤로는 전에 미처 생각하지 못했던 것들이 눈에 띄기 시작했다. 그때부터 나는 열심히 재활용하고 있다. 페트병에 붙은 라벨 떼기, 안에 있는 이물질 씻어 버리기 등등 말이다. 이전에는 귀찮다고, '나 한 명이 한다고 환경 보호가 될까?'라는 생각 때문에 하지 않았다. 하지만 지금 생각해 보면 그것은 잘못된 생각이다. 사촌 동생들에게 내가 배우고 실천하고 있는 것을 보면 누군가에 의해 다른 사람이 영향을 받을 수 있다는 것을 보여 주기 때문이다. 그렇게 한 명 한 명 환경 보호를 위해 실천하는 사람들이 생겨난다면 우리의 지구는 아프지 않고 활짝 웃는 지구가 될 것이다.

지구촌 사람 모두가 지구를 더 생각하고, 다 함께 행복하게 살아갔으면 좋겠다.

9. 7 (수) 죄송합니다…

장난으로, 하지만 받는 쪽에서는 아픔이 되는 이야기를 들곤

한다. 수업을 마치고 내려오다가 수업을 한 적이 없는 다른 학년 학생들끼리 장난치는 모습을 보았다. A가 B를 여교사 화장실 입구로 밀고 있고, B는 힘껏 저항하는 데 밀리고 있는 것 같아서 눈을 크게 뜨고 말리려고 했더니, A가 그냥 가 버리고 B는 아주 속상해하는 표정이다. A를 불러서 꾸짖듯이 그렇게 친구가 싫어하는 것을 함부로 하면 안 된다고 했더니, '가위바위보를 해서 진 사람을 그렇게 하기로 한 건데, 왜 그래요?'라며 따지듯 말한다. 아무리 이겼다고 해도 다른 사람이 속상해하는 것을 하는 것은 옳지 않다고 했더니, 수긍 안 하고 더 짜증을 낸다.

5층 교실에 안내할 것이 있어서 갔다가 내려오는데, 또 A를 마주쳤고 이번에는 마스크를 벗고 있어서 마스크 쓰라고 했더니 엄청 소리를 지른다. 그냥 모르는 척 갈까 하다가 그것은 내가 학생에 대한 지도를 포기하는 거라는 책임 의식에 다시 따라가서 그렇게 소리 지르는 것은 예의가 아니라고 했더니, 지금은 마스크 썼는데 왜 그러냐며 불손하게 행동해서 나도 속상했다. 어떻게 하는 것이 바른 예절인지 언급하며 계속 지도하고 있었다.

A: 그러잖아도 아침에 엄마랑 싸우고 와서 기분 안 좋은데 왜 자꾸 이래요?

나: 그랬구나. 많이 힘들었겠다…. 그런 걸 모르고 내가 또 싫은 소리를 했으니…, 미안하다.

갑자기 A가 티셔츠를 바지에 잘 넣으며 옷매무새를 반듯하게 정리하며 똑바로 서더니 "죄송합니다" 한다.

갑자기 속상한 마음이 다 풀어지고, 그렇게 속상한 마음으로 학교에 와서 그것을 잊으려고 친구들과 장난치고 있었는데 내가

　　　　　　　　함께 쓰는 수학 일기

공연히 더 힘들게 했다는 생각이 들었다.

학생들은 집안에 일이 있든지, 밥을 못 먹고 와서 기운이 없든지, 몸이 아프든지 등 아픔을 안고 힘겹게 등교해서 수업 시간에 앉아 있는데, 교사들은 자신의 담당 교과 내용을 학생들에게 집어넣는 데 관심을 집중하고 있었다는 반성이 밀려오고, 이런 학교의 모습이 가슴 아팠다.

수석실에 돌아와 앉아 있는데, A가 문을 두드리더니 다시 찾아와서 정중하게 예의 갖춰 죄송하다고 사과한다. 그 학생의 내면에 있던 반듯한 마음이 올라와 아까의 모습과 전혀 다른 표정과 자세를 보였다. 너무나 기특해서 엄마와도 이렇게 마음 풀기를 제안했다.

힘센 바람이 아니라 따뜻한 햇볕이 행인의 외투를 벗길 수 있다는 동화는 언제나 맞다.

9. 7(수) 바쁘다 바빠

요즘 정말 정말 바쁜 날들을 보내고 있다. 다른 사람들이 보면 형편없을 수도 있지만, 지금까지 룰루랄라 노는 날이 많았던 내겐 피곤하다.

학교에서 열심히 수업을 듣고 (쉬는 시간에는 열심히 놀고…) 점심 시간에는 축구 리그전 라이브 방송 송출을 위해 4교시 끝나는 종이 치자마자 후다닥 삼각대를 들고 가서 촬영한다. 우선 급식으로 점심을 먹을 수 있지만 우선 급식을 하면 나 혼자 3학년들 사이에 끼어서 먹는 게 불편하기도 하고, 또 요즘은 턱 때문에 먹는 것 자체가 불편하기도 해서 점심은 잘 먹지 않는다. 점심을 안 먹으면 배가 고프긴 하지만 속도 편안하고 5교시에도 졸리지 않아서 나름대로 괜찮다!

오후 수업을 열심히 듣고 방과 후에는 연극 연습을 했다. 연극제가 한 달도 남지 않았는데 아직 준비해야 할 게 많다.

귀가 후에는 곧 있을 중간고사 준비를 한다. 시험을 볼 생각에 벌써 떨리지만, 중간고사를 보는 수학, 과학이 내가 좋아하는 과목이라 준비하는 것도 나름 재미있다.

이렇게 매일매일 보내다 보니 몸이 힘들긴 하지만 좀 뿌듯하다. 예전에는 바쁜 것보다 그냥 가만히 있는 게 좋다고 느꼈는데, 요즘은 할 게 많은 바쁜 날이 더 재미있고 소중하다.

9.8 (목) 물길을 따라서 용봉산에 오르다

기술 수업 시간에 토목 공사를 배웠는데, 이관용 선생님이 내포의 지도를 보여 주시면서 내포에 흐르는 물길에 대해서 말해 주셨다. 이 물길을 따라서 가 본 적 있냐고 하셨는데 없다고 하니까, 한 번 가 보지 않겠냐고 하셔서 2일 뒤에 가기로 한 것이 바로 오늘이었다.

물길을 따라가기로 희망한 사람은 나, 최산, 권혁주, 이예준, 진현우와 이관용 선생님 이렇게 6명이서 등산을 가기로 약속했다.

학교가 끝나자마자 주차장에 모여서 이관용 선생님 차에 짐을 실어 놓고, 다 같이 걸어가기 시작했다. 몇 분 정도 걸어가자 물길이 보였다. 밝은 햇빛에 비춰 새하얗고 밝게 빛나는 물길은 눈이 부실 정도였다. 그렇게 물길을 따라서 꽤 오랫동안 걸었더니 산으로 가는 입구가 보였다. 근데 보니까 이미 수학 캠프에서 한 번 와 봤던 입구였다. 오는 길이 살짝 다르기는 했지만 뭐, 상관없다.

산의 입구를 따라서 걸어가다 보니 수국이 보이고 거대한 나무들과 다양한 것이 많아서, 계속 산을 오르면서 사진을 찍기도 하고 이야기를 많이 했다. 가끔 등산하는 것도 나쁘지는 않겠다는 생각이 들었다.

9. 9(금) 직선으로 평면 분할하기

선분, 반직선, 직선에 대한 개념과 기호로 표현하는 방법에 대해 배웠다. 개념 정리는 책을 보고 하고, '씨앗, 새싹, 쑥쑥, 꽃, 열매' 문제 중에서, 내가 '꽃' 단계를 확인하고 사인해 줬다. '열매' 단계가 난이도가 높고 많은 생각을 해야 하는 문제라서 지후에게 설명을 듣고 사인을 받았다.

직선을 2개, 3개, 4개, 5개, 6개 그러서 평면을 분할하는 방법과 최대 분할 개수를 구하는데, 친구들이 열심히 지우고 그리는 것을 보니 도전 정신이 생겼다. 여러 번 그리다 보니 직선끼리 교점이 많이 생길수록 분할되는 평면이 많아진다는 것을 알게 되었다.

9. 11(일) 빛의 속도가 가능할까?

이번 주에 토성과 목성이 깔끔하게 잘 보인다고 해서 '류방택 천문기상과학관'에 갔다. 먼저 영상으로 우주의 크기와 각 행성 특징에 대해 보았다. 우주에 관한 이야기는 늘 흥미로웠다. 영상에서 빛의 속도로 가야 10시간 걸리는 행성이 있다고 하는데, 빛의 속도와 같아질 수 있을까? 빛의 속도가 가능하다면 우리도 '태양계'를 쉽게 여행할 수 있을 것 같다.

토성과 목성을 보려고 2층에서 관찰했는데 아무것도 안 보였다. 구름이 하늘을 가려서 그렇다는 설명을 듣고 아쉬웠다. 대신 기압차를 이용해서 떠올린 공, 토네이도 시뮬레이션, 렌즈를 이용한 망원경 등 많은 것을 볼 수 있어서 정말 좋았다. 다음에는 행성이 잘 보인다는 천문 과학관으로 가 봐야겠다.

9. 12(월) LESS IS MORE

추석 연휴 마지막 날에 용봉산 둘레길보다는 산을 가고 싶었다. 시누대 길을 지나 점점 정상으로 향하니 땀이 나고 바람은 시원하고! 이렇게 올라갈 수 있는 산이 가까이 있다는 것이 너무나 행복했다. 낯선 사람들이지만 마주치면 서로 "안녕하세요!" 인사하고, 풀벌레 소리와 새소리, 자주 비가 온 덕으로 계곡에 물소리도 졸졸 들려서 자연이 들려주는 노래가 마음을 편안하게 했다.

요즘 심취하고 있는 책 'LESS IS MORE'가 발길을 이곳으로 인도한 것 같다. 늘 부지런히 해야 하고, 뭔가를 성취하고 성장하는 데 마음이 가 있었는데, 너무 달리는 것보다 천천히 여유를 갖고 사는 삶으로 무게 중심이 옮겨지고 있다.

9. 12 (월) 열정을 품은 공부 열. 품. 공

학생회의 다른 부서들은 많은 행사를 하는데, 우리 '학습부'는 학생들이 열심히 학습할 수 있도록 돕는 방법에 대해 부장과 부원들이 모여서 회의를 했다.

지난번 골든벨 행사 이외에 '공부 타이머'를 이용한 공부에 대해 의견이 모였다. 공부한 시간을 '열품타'라는 전용 앱을 사용해 재는 건데 우리는 그걸 확인하고 꾸준히 한 학생들과 가장 많이 공부한 학생에게 상품을 나눠 주기로 했다.

공부를 제대로 했는지 확인 인증을 하기 위해서 기준도 열심히 만들었다. 신청자들에게 오늘부터 한다고 가입도 시키고 공부 확인 인증도 했다. 처음이라 다들 열심히 하는 것 같은데, 이게 계속 유지될지 걱정 반, 설렘 반이었다.

행사를 주관하기에 학습부원은 신청자의 자격이 아니지만 재미있어 보여서 공부한 시간을 같이 재기도 했다. 이 앱을 처음 사용해 봤는데, 내가 공부한 시간을 재고, 알게 되니 뿌듯하기도 했다.

학습부가 아니었으면 내가 이 행사 참여해서 1등을 하고 싶었다. 너무 재미있고, 1등을 하기 위해 서로 공부를 하니 승부욕도 크게 올라서 공부를 열심히 하게 될 것 같았다. 내년에도 이 행사가 추진된다면 신청해서 1등을 하고 싶다.

9.13(화) 그래프의 난제

함수의 기본 개념을 배우는 1학년 단원 그래프와 비례다.

실생활 문제를 표현한 그래프 이해하기와 어떤 규칙을 점으로 찍어 그래프로 그리는 것을 배우는 비례 단원이다. 사실 개념을 이해하면 방정식에 비해 복잡한 풀이가 거의 없는 문제들이 많다. 손에 물을 쥐고 있을 수 없는 것처럼 눈에 보이지 않는 개념.

그래프 그리기 수행 평가를 시작했다. 첫 번째 반이다. 아~! 하나도 그리지 못하는 아이가 있다. 교과서에도 '설명하기'로 나오는 그래프인데….

두 개의 변수가 등장하는 것부터 이해가 안 된다. 거기다 순서쌍을 만들어야 하는데, 선택 장애가 있다. 누굴 선택해서 대입하라는 거지…. 정말 내가 아무거나 선택해도 문제가 되지 않을까…. 잘못 그릴까 봐 걱정되어 아무것도 할 수가 없다. 그래서 백지다. '두 개의 점을 이용해 자를 대고 그려도 괜찮아', '일직선이 되는 규칙이 너무 뚜렷해서 믿어도 돼'라는 말은 귓등에 닿지도 않는다. '내 마음이 하루에도 몇 번씩 오르락내리락하는 것도 이해가 안 되는데 정비례 반비례가 어찌 되었든 나하고 무슨 관계가 있을까?'가 난제다. 이것이 이해되면 나머지는 다 이해된다.

9. 13(화) '도전! 수학 퀴즈' 실마리를 찾다

추석 연휴 지나고 첫 등교일이다. 평소에는 주말 이틀 동안만 쉬다가 연속으로 4일을 쉬었더니 학교에 가는 것이 조금 귀찮았다. 그래도 너무 게을러지면 안 되니까 일찍 집을 나섰다.

학교에 도착해서 서로의 안부를 주고받고 수업을 듣다 보니 4교시는 빨리 지나갔다. 점심을 먹고 나서는 곧 있을 중간고사를 준비하기 위해서 교실에서 어려운 과학 공부를 하고 있었다. 그런데 친구들이 불러서 같이 오랜만에 수석 교사실에 가서 선생님과 함께 이야기를 나눴다. 곧 있으면 수학 축제가 있는데 어떤 체험 부스가 운영되어야 할지, 축제장을 꾸밀 대형 수학 구조물은 어떤 것으로 할지 이야기를 나누며 상상하는 것만으로도 너무 재미있을 것 같아 기대되었다.

수업 시간이 다 되어서 떠날 때 선생님께서 수학 퀴즈를 풀어 보라고 권유해 주셨다. 처음 봤을 때는 '음…, 내가 풀 수 있을까?' 하는 생각이 들었다.

시간 날 때 풀어 보았는데, 생각의 실마리가 보여서 해결하고 방과 후에 [도전 수학 퀴즈] 우편함에 답안을 넣었다. 이번 주 '명예의 전당'에 내 이름이 올라가는 상상을 하니 벌써부터 즐겁다!

9. 15(목) 수학으로 이렇게 신났다

홍성 수학 축제 부스 운영 신청서를 내려고 도우미를 모집했다. 16개 부스를 생각하고 도우미 모집을 했는데, 풍선 다면체 체험 활동 도우미가 제일 걱정된다. 풍선 다면체 체험 부스는 육면체, 팔면체를 만들어야 하는 공간 감각이 필요한데, 가장 기초적인 풍선을 묶지도 못하고, 풍선이 터지는 것을 두려워해서 지원하는 학생이 없었다.

8반 여학생 4명이 점심시간에 놀러 왔기에 풍선으로 강아지를 만들어 보라고 했다. 우선은 풍선을 친근하게 여기게 하는 것이 목적이었는데 어찌나 즐겁게 만드는지! 다음으로는 풍선 속 바람의 양, 꼬임, 6등분과 8등분의 길이 조정 등을 예측해서 만들게 했는데, 갈수록 풍선의 성질을 이해하더니 오늘은 제법 육면체의 형체가 잡혔다. 바람을 넣고 풍선의 끝을 묶어야 하는데, 손이 아프고 힘든지 "엄마 보고 싶어~" 한다. 힘든 것을 접하면 엄마가 생각나는 모습이 마냥 아가 같다. 그러면서도 풍선의 성질을 빨리 익히고 손놀림이 정교한 모습이 대견했다.

풍선 다면체를 놀이처럼 하면서, 입체의 원리 이해, 생각하는 힘, 기능을 익히는 것이 수학 체험의 맛이다. 깔깔거리는 아이들의 웃음이 가득하고 신나는 수학을 경험하는 시간이었다.

9. 16(금) 과학자들이 단체 파업 했다…

과학 시간에 '종'에 대해서 배웠다. 종은 같은 여우라도 사막여우, 북극여우, 온대 여우 등으로 나뉜다. 각 생물은 서식지, 주변 환경에 따라서 그 환경에 적응한다.

생물 다양성에 대해 인터넷 검색을 했더니 '핀치'라는 새가, 열매를 먹는 핀치, 선인장, 식물, 벌레를 먹는 핀치 등 전부 부리의 모양이 다르다고 한다. 그런데 지구 온난화에 의해 생물의 종류가 감소한다고 한다.

뉴스에서 (다른 나라) 과학자가 단체로 파업을 했다고 한다. 이유는 과학자 자신들이 수십 년 동안 계속 지구 온난화에 대해 말을 했는데 아무도 말을 제대로 들어 주지 않아서 직접 연설한 것이라고 한다. 이를 보면 지구 온난화는 세상 모든 것에 영향을 미치는데, 막으려고 노력하는 사람은 극소수에 해당하는 것 같다.

정부에서 지원도 더 해 주고 기업들도 무책임한 이윤 추구보다는 환경을 생각하는 제품을 연구하고, 시민들도 지구를 지키기 위한 마음가짐과 사랑이 필요하다. 모두 지속이 가능하고 우리 후손들이 지구에서 잘 살아갈 수 있도록 실천하고 움직였으면 좋겠다.

9. 17 (토) 길을 안다면 안내해야지~

아파트에서 외부 단체를 초청해서 19시 30분부터 음악회가 열렸다. 바람은 시원하게 불고, 생음악의 신선함이 너무 좋았다. 도중에 색소폰 연주를 하는데 소리가 너무 커서 음악이 아니라 괴성을 지르는 것 같아 관람하는 사람도 괴롭고, 관람객이 고통스러운지 모르는 연주자도 나중에 안타까워할 것 같아서 음향 조절하시는 분에게 가서 '소리가 너무 크다'라고 말씀드렸더니 약간 줄이기는 했는데, 그것조차도 내게는 시끄러웠다. 음에 민감해서 그렇게 시끄러운 소리는 듣기가 너무 힘들다.

그 많은 관중 중에 아무도 소리를 줄여 달라고 하지 않는데, 유독 내가 말했어야 했을까? 한국 사람들은 남들에게 나서서 말하지 않으려 한다. 아니, 두려워한다. 나도 긴 세월 동안 그렇게 살았다. 구태여 내가 나서서 고치려고 하기보다는 그냥 조용히 넘어가는 게 너무 익숙하다. 그러나 세상을 보면 남을 비난하는 것도 아니고, 다른 사람을 괴롭히는 것도 아니라면 옳다고 판단한 사람은 말로 표현해야 한다고 생각한다.

예를 들어 가습기 살균제 사건도 99.9% 정도의 우리나라 사람들은 그 살균제가 매우 위험한 것을 모른다. 그 위험성을 아는 사람은 약품 전문가나 살균제를 제조하는 사람은 알 것이다. 그것이 위험하다는 것을 말했어야 하는데 그들이 침묵한 거다.

어떤 상황에 대하여 아는 사람이 번거롭다거나, 이상한 눈총을 받을까 봐 가만히 있는 것은 옳지 않다. 고쳐야 할 상황인 것을 알 때는 상대의 권력이 높고 힘이 세다고 해도 말해야 한다. 길을 알고 있는 사람이 침묵하면 많은 사람이 길을 헤맨다. 나는 기꺼이 이정표를 세우고, 길 안내를 할 것이다.

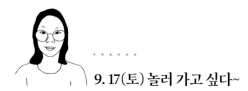

9. 17(토) 놀러 가고 싶다~

아침부터 학교에 가서 연극 연습을 했다. 대회가 얼마 안 남아서 연습도 꼼꼼하게 하고, 의상도 입어 보고 소품도 준비하는데, 정말 재미있다. 하하하. 나는 올해 사연이 많은 일진 역을 맡게 되었는데 의상이 평소 내가 입던 스타일과는 많이 달라 부끄럽다. 크롭 티, 줄인 교복 치마, 분홍색 하트 모양 헤어 고정 시트, 분홍색 트레이닝 복…. 아, 정말 창피하다.

다음 주 목요일이 대회라서 전날 학교에서 먼저 공연해 본다는 이야기가 있던데 사실이 아니었으면 좋겠다. 나는 이런 내 모습을 내 친구들에게 보여 주고 싶지 않다…. ㅎㅎ

12시쯤 연극 연습을 끝내고 바로 수학 보충 수업을 들으러 공부방에 가다가 점심을 못 먹어서 편의점에 들렀다. 그런데 밥을 먹으려니까 시간도 없고 입맛도 없어서 그냥 음료수를 사서 나왔다. 공부방에서 열심히 수학 공부를 하고, 집에 와서 한문 수행평가 준비와 과학 공부를 했다.

이렇게 글로 쓰다 보니 내가 공부를 엄청 열심히 하는 것 같이 보인다. ㅎ 빨리 중간고사가 끝나서 친구랑 놀러 가고 싶다. 벌써 (내가 중간고사를 잘 봤다는 가정하에) 어떻게 놀지 계획도 짜 놨다! 물론 중간고사가 끝나면 수행과 기말이 기다리고 있겠지만.

9. 18(일) 쿠키 만들기 봉사 활동

두 번째 RCY 활동을 했다. 첫 번째 활동 때는 머핀을 만들었는데, 밀가루 맛 그대로였다. 이번 활동 주제는 자유였고 겨울에 본격적으로 기부 활동을 하기 전에 연습하는 것이 목적이었다.

첫 번째로 만든 게 상태가 심각해서 이번에는 좀 더 쉬운 마들렌으로 만들었다. 오븐에 굽고 난 뒤에는 마들렌이 아니라 쿠키에 더 가까웠다. 밀가루 맛이어서 오븐에 조금 더 구웠더니 살짝 짜지만 맛있는 쿠키가 만들어졌다. 처음 머핀을 만든 때보다 발전한 것 같아서 기분이 좋았다.

기부할 만큼 실력이 될지 의문이 들었지만 조금만 노력하면 될 것 같다. 벌써 기부할 일이 기대된다.

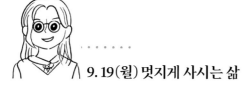

9. 19(월) 멋지게 사시는 삶

외할머니 친구분이 자신의 인생을 담은 책(꼴값을 떨며 걍 멋지게 살았다)을 출판하셨다고 해서 읽으며 많은 것들을 느꼈다. 사소한 것들까지 기록해 두었다가 인생을 다시 돌아볼 수 있는 책으로 만든 것은 자신의 삶을 헛되지 않게 살았음을 보여 주는 것 같기 때문이다.

가장 의미 있게 느낀 것은 70이 넘은 연세이신데 친구들과의 아름다운 추억과 우정을 매우 소중히 여기셨다. 나도 친구들과의 관계나 하루하루를 헛되이 보내지 않고 열심히 노력하며 기록하는 습관도 길러야겠다고 생각하게 되었다.

우리 할머니와 관련된 친구의 우정을 담은 책을 조만간 출판하실 계획이라니 기대가 된다.

9. 20(화) 고정 관념에 묶이다

그래프와 비례 단원이 거의 막바지다. 다음 단원인 기본 도형을 배우기 전에 쉬어가는 의미로 활동 수업을 해 볼까 하는데 이미란 선생님이 영재반에서 해 봤던 '한 번에 자르기'라는 자료를 수업하시길래 함께 해 보기로 했다.

내가 먼저 풀어 봐야 할 것 같아 자료를 받아 와서 열심히 해결해 보았다. 그림이 있는 사각형이 완전하게 나오려면 가위가 절대 지나가면 안 되니까, 그림을 접어서 외곽선을 잘라야겠다고 생각하고 해 보았더니 아주 쉽게 잘 되었다. 5단계까지 너무 쉬웠다.

마지막 6단계는 직사각형이 아니라 삼각형 모양이다. 그동안 해 왔던 방법으로 열심히 접었다. 그런데 벌써 느낌이 쎄~하다. 왜냐하면 접을 때 외곽선이 사선으로 겹친다. 그럼 안 되는데…. 몇 번을 접는 방식을 바꾸는데도 잘 안 된다.

같은 방법이 아닐 거라는 생각은 나지 않는다. 그 방법의 성공 경험이 너무 많다. 그래서 이미란 선생님께 획기적인 방법이 있는지 여쭈었다. 삼각형 모양으로 접어야 한다고 하신다. 나도 삼각형으로 접었었는데…, 그러다 찾았다. 사선의 모서리가 절대 다른 방향으로 접히지 않으려면 모서리가 모두 일치해야 한다는 것을. 이것은 지금까지와 정반대 방식이다. 드디어 해결되었다.

보통 성공한 경험으로 모든 것을 판단하는 것이 일반적이다. 이러한 경험이 반복되면서 고정 관념이 만들어진다. 이 단단한 고정 관념에 묶인 사고를 유연하게 바꾸어 새로운 가설을 만드는 것이 진리 탐구의 목적이 아닐까 한다….

9. 20(화) 저 오늘은 문제 안 풀래요

수업 중에 H가 "저 오늘은 문제 안 풀래요"라고 당당히 요구한다. "오늘 7반이랑 점심시간에 축구 경기를 하는데, 제가 선수예요. 지금 너무 머리를 쓰면 이따가 경기 못 해요. 우리 반이 지면 안 되잖아요."라며 응석을 부린다.

학생들이 나더러 점심시간에 우리 반 응원하러 나오라고 부추기며 축구 경기에 비상한 관심을 보인다. 출장을 가게 되어 경기 보러 못 간다고 했더니, 그러면 마음속으로 응원해 달라고 한다. "그래, 마음속으로 힘껏 응원할게. 아무리 그래도 지금은 수학 공부 열심히 해야 한다."라고 답변하고 수업으로 끌어들였다. 머리 쓰면 축구가 안 된다니~ 마냥 귀엽다.

9. 21(수) 이런 걸 어떻게 풀라고 붙였어요?

복도에서 2학년 학생이 따지듯이 물었다. "이런 걸 어떻게 풀라고 붙여 놓았어요?"

게시판에 [도전! 수학 퀴즈]가 붙은 것을 꼼꼼하게 읽고 고민을 한 학생이라고 생각되어 기특했다. 어떤 것이 가장 어려웠느냐고 하니, 7차 문제라고 한다.

$a=b$ 면 $a-b=0$으로 나누는 것은 불가능하기에 모순이 나온 거라고 했더니, "아하!" 하며 금방 알아들었다. 게시판을 전혀 안 보는 학생이 더 많다고 생각된다. 하지

$$a=b$$
$$a+a=b+a$$
$$2a=a+b$$
$$2a-2b=a+b-2b$$
$$2(a-b)=a+b-2b$$
$$2(a-b)=a-b$$
$$2=1$$
이유가 뭘까?

만 이렇게 그 많은 게시물 중에서 [도전! 수학 퀴즈]를 읽고 고민하는 학생이 있기에 계속 나도 고민하며 퀴즈를 출제한다.

9. 22(목) 8시간 동안 푼 것은 처음이야

수석실 밖 [도전! 수학 퀴즈] 답안을 넣는 곳 앞에서 학생들이 한참 옥신각신한다.

10차 수학 퀴즈 복 연산을 보면서 의견이 분분하며 자기 생각을 피력하고 있다.

$$SEND + MORE \\ MONEY$$

점심시간에는 아예 수석실 안에 들어와서 여기저기 모여서 토론을 한다. 그중에 A가 하는 말에 너무 놀랐다.

"어제저녁 7시부터 새벽 2시까지 이것을 풀었고, 자려다 다시 보니 모순이 보여서 다시 새벽 3시까지 풀어서 답을 찾았어. 내가 지금껏 이렇게 한 문제만 매달려서 8시간을 풀어 본 것은 처음이야."라며 너무나 감격에 찬 목소리로 말했다.

누가 시킨 것도 아니고, 성적에 반영되는 것도 아니건만 잠도 안 자고 그렇게 집중하는 학생이 어찌나 대견스러운지!

나도 덩달아 뿌듯하고 기특해서 맘껏 칭찬했다.

9. 22(목) 연극제 무대 위에 나

연극 발표를 하는 날이다. 학교에서 메이크업하고, 의상을 입고, 소품들을 버스에 싣고, 연극부원들과 대사 연습을 하며 학교 주변을 산책했다. 귀여운 일진 역을 맡아서 의상과 메이크업이 평소 내 스타일과는 완전 달랐다. 풀 메이크업을 하고 연극 의상 입고 학교를 돌아다니는데, 와…, 정말 너무 부끄러웠다. 9시에는 버스를 타고 홍성문화원으로 갔다. 어제 학교에서 예비 발표를 했는데, 부원들이 웃음을 참지 못하거나, 소품들을 옮기는 과정에 문제점이 보여서 걱정이 되었다.

도착하자마자 마이크를 차고 리허설을 했는데, 자꾸 내 마이크에 이상이 생겨서 소리가 나오지 않았다. 그럴 때마다 내 목청으로 커버를 해야 하는데, 본 공연 중에 이런 일이 생길까 봐 불안했다.

본 공연은 평소에 연습했던 것보다 훨씬 잘했다! 아무도 큰 실수를 하지 않았고, 암전된 후 소품을 옮기는 것도 빠르게 해서 공연을 잘 진행할 수 있었다. 다행히 내 마이크도 이상이 없이 끝나서 공연 발표를 완벽하게 마무리했다.

연극이 끝나고 연극부원들은 뒷풀이를 하러 갔지만, 나는 연극 연습으로 학원을 많이 빠져서 학원에 갔다. 아쉬웠지만 어쩔 수 없지, 뭐…. 연말에 학교에서 하는 공연도 기대된다.

9. 23 (금) 성공과 실패에 초점을 두지 말자

손원평 님이 등장하는 영상을 봤다. "저는 삶이란 운전과 같은 것으로 생각합니다. 운전대를 쥐고 속도를 내고 방향을 바꿀 수도 있고 속도를 늦추거나 아예 멈출 수도 있죠." 작가님 말대로, '내'가 원하면 공부를 더 할 수도 있고 내가 더 노력하면 더 좋은 결과를 얻을 수 있고, 자신의 한계까지도 깰 수 있다. 자신의 최고 속도는 제한되어 있지는 않은데, 때로 속도 제한이 있는 것처럼 '나는 단어에 약해'라는 식으로 자신에게 있지 않은 한계를 정해 둔다. 자신의 한계를 정해 두면 자신이 정한 부분밖에 달성 못하는데, 제한하지 않는다면 끝도 없이 나갈 수 있다고 생각한다.

"어떤 차에 타서 어떻게 운전하느냐에 상관없이 모두에게 적용되는 진리가 있어요. 그건 바로 우리 모두 도로 위에 있다는 사실이에요." 인생이라는 도로를 달리고 살면서 한 번도 실패를 안 할 수는 없다.

하지만 실패에 좌절하지 말고, 실패의 과정과 결과를 발판 삼아서 노력하고, 도전한다면 적어도 그 전보다는 좋은 결과가 나올 것이다. "변화하기 위해 내딛는 발자국 자체가 바로 성공이니까요.", "성공과 실패에 포커스를 맞추는 대신 자기 스스로 변화하는 것에 집중하면 어떻게 될까요?" (손원평 작가)

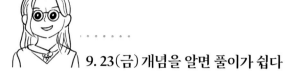

9. 23(금) 개념을 알면 풀이가 쉽다

점, 선, 면. 기본 도형의 위치 관계 수업을 했다. 각자 교과서를 보면서 나름대로 개념을 정리하라고 학습지에 빈칸을 만들어 두셨다. 친구마다 자기 방식으로 작성했는데, 교과서 내용 정리하니 전체적인 개념이 머릿속으로 잘 들어왔고, 이어서 선생님이 간단하게 설명해 주시고, 주어진 문제를 풀었더니 이해가 잘 되었다.

앞으로는 무작정 문제만 푸는 것이 아니라 개념부터 잘 이해하고 넘어가야겠다고 생각했다. 비록 두 직선이 만난 것으로 보이지 않지만, 직선은 연장되는 것이라서 평행하지 않으면 만나는 것이라는 것을 놓쳤는데, 선생님이 짚어 주셔서 알게 되었다.

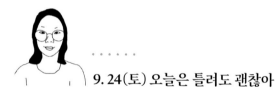

9. 24(토) 오늘은 틀려도 괜찮아

중간고사가 얼마 남지 않아서 시험 공부를 했다. 중간고사는 1학기와 같이 수학, 과학만 보는데 둘 다 내가 좋아하는 과목이어서 준비를 즐겁게 할 수 있었다. 오늘은 수학 공부를 더 많이 했다. 나는 이번 수학 시험 범위 중에서 도형의 성질 단원이 가장 흥미롭다. 하지만 가장 어려운 범위도 도형의 성질 단원이다…. 나는 그중에서 삼각형의 내심과 외심의 성질이 가장 헷갈린다. 문제를 풀 때마다 '세 내각의 이등분선의 교점이 외심이었던가…?', '세 꼭짓점으로부터 같은 거리에 있는 게 내심 맞나…?'라고 생각하고, 채점해 보면 비가 내린다. ㅎ

하지만 괜찮다! 오늘은 시험 날이 아니니까 내가 어떤 부분에서 부족한지 깨닫게 되는 계기가 되었으니 오늘 그 부분을 더 공부하고, 시험 날 다 맞으면 된다. 오늘은 도형의 성질 개념에 대해 완벽히 이해할 수 있게 공부를 해야겠다.

9. 27(화) 시험 D-3

어제는 한문 수행 평가 결과를 오늘 알려 주셨다. 실수를 한 적이 있어서 살짝 걱정되었다. 다행히도 점수는 꽤 괜찮았다. 많은 수행 평가 중 하나가 끝나서 기분이 홀가분하다.

그런데 벌써 중간고사가 3일 남았다고 한다. 유독 시험 기간만 되면 시간이 빨리 가는 것 같다. 이번에도 과학과 수학을 본다고 했는데, 나는 과학이 비교적 더 어려워서 과학 위주로 공부하고 있다. 특히 자기장 파트가 가장 어려운데, 포기하지 않고 남은 시간 동안이라도 열심히 해야겠다.

9. 28 (수) 이제는 아빠의 마음을 알아요

학교에 7시에 왔다는 K가 수석실에 일찍 왔다. 어제 늦게까지 홍성 수학 축제 체험 부스 중에서 공명 쇄 조립하는 것을 몰입하여 시도하다가 성공하는 것을 보았기에 공명 쇄 부스 도우미를 해 보라고 권했더니, 해 보겠다는 자신감을 보인다.

막상 도우미로 다른 사람들에게 설명을 하려고 보니 친구들과 어울리거나 앞에 서는 것이 힘들다고 한다. 이유가 무엇이라고 생각하느냐고 했더니, 어릴 때 아빠에게 많이 혼나서 견디기 힘들고 자신감을 잃은 것 같다고 한다. 친구들과 어울리는 대신 책을 많이 읽고, 운동하며 힘을 길러서 많이 회복되었다고 한다.

아들이 잘되기를 바라는 아빠의 사랑이, 못할 때 혼내면 잘하게 될 것이라는 생각으로 강하게 대하신 것 같다고 했더니, 지금은 그런 아빠의 마음을 깨닫고 있단다. 아빠도 방법을 달리하시게 되었고, 자신도 아빠를 이해하게 되어 지금은 너무나 좋은 아빠라고 한다. 거우 중학생인데, 그렇게 생각하다니!

부스 도우미를 하면서 설명해 주고 도움을 주며 더욱더 사람 앞에 당당히 설 수 있는 용기를 키우는 기회가 되도록 응원하게 되었다.

9. 28(수) 도형 단원인데 방정식으로 풀어?

기본 도형의 '평행선의 성질' 단원 개념을 각자 정리하고, 5개 주어진 문제를 풀었다. 4개는 잘 풀었는데, 2번 문제를 못 풀어서 친구들한테도 물어보고 선생님께도 여쭈어서 힌트를 주서서 혼자 풀었더니 답이 나와서 뿌듯했다. 도형 단원인데 1학기 때 배운 방정식으로 풀어야 하는 것을 생각 못 했었다. 결국 혼자 힘으로 완성된 학습지를 보니 기분이 좋았다.

9. 29(목) 학습 정리를 문제 만들기로

대단원 정리 문제를 풀었는데, 오늘은 대단원의 중단원 [1. 점, 선, 면 각 2. 위치 관계 3. 평행선의 성질]에서 문제를 2개씩 만들어서 내가 풀이를 했다. 친구가 문제를 내고, 내가 풀이할 때는 큰 숫자로 내서 친구를 끙끙거리게 하는 경우가 있었다. 그런데 내가 문제를 내고, 내가 푸니 더 의미 있는 문제를 내고 싶은 마음에 책을 더 꼼꼼하게 읽으며 문제를 만들었다. 완성한 다음에는 두 명의 친구에게 내가 만들고 푼 문제를 보여 주게 했다. 완벽하게 했다는 피드백을 받아서 즐겁다.

9. 30(금) 키 큰 나무의 높이를 잴 수 있다

수학 수행 평가로 삼각비를 이용하여 높이를 재는 것이다. 너무 높아서 가늠조차 할 수 없는 나무의 높이를 올라가지 않고, 그림자를 활용하지도 않고 재야 한다.

우리 반 30명이 각자 다른 곳을 재도록, 우리 학교에서 30개의 높이를 잴 곳을 찾았다. 5층 건물, 농구 골대, 축구 골대, 계단, 느티나무, 소나무, 식수대, 국기 게양대, 정문 등….

제비뽑기로 정해진 내가 측정할 높이는 현관 앞에 우뚝 서 있는 느티나무였다. 나의 눈높이(1.6m), 내 위치에서 나무까지의 거리(9.7m), 나무를 올려다본 각의 크기(38°)를 재었다.

줄자를 모두에게 나눠 주셨고, 올려다본 각의 크기 측정은 클리노미터 도구를 사용했다. 눈높이 위쪽의 나무 길이를 h라고 하자.

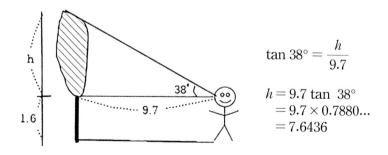

$$\tan 38° = \frac{h}{9.7}$$

$$h = 9.7 \tan 38°$$
$$= 9.7 \times 0.7880\dots$$
$$= 7.6436$$

나무의 높이: $h + 1.6 = 7.6436 + 1.6 = 9.2436$

10월 함께 쓰는
수학 일기

10. 1(토) 홍성 수학 축제 도우미 사전 교육

홍성 수학 축제 부스 운영 도우미 학생들의 사전 교육으로 수학 캠프를 했다. 22개 부스에 72명 학생이 도우미로 참여하게 되어 체험 부스에 설명할 내용, 체험 재료, 체험자에게 설명하는 연습이 필요해서 이번 주 내내 온통 신경이 수학 축제에 쏠려 있었다.

연휴라 가족 행사로 못 온 학생들이 있어서 48명이 참여했다. 3개 팀으로 나눠서 전체적으로 함께하는 활동, 담당 부스 운영 준비, 체험자에게 설명하는 연습, 대형 수학 구조물 조립까지 너무나 챙겨야 할 것이 많아서 끝나고 나니 기운이 쭉 빠졌다.

체험 부스의 상황에 따라 도우미를 2명에서 5명까지 다르게 배정했다. 각 부스마다 연습이 잘 되고 있는지 확인하며 둘러보고 있는데, B와 C가 대형 다빈치 다리 만들다가 의견 차이로 옥신각신하며 언쟁이 커지고 있었다. 따로 불러서 상황 이야기를 하고 싶지만, 22개 부스마다 상황에 따른 맞춤 교육을 해야 하기에 그 둘에게만 시간을 쓸 수가 없었다.

한참 다니다가 보니, 부스 운영 도우미 연습이 아니라 둘이 바닥에 양반다리를 하고 앉아서 계속 이야기를 하고 있었다.

'그래, 둘이서 충분히 자기 생각을 말하고 조율하렴. 의견 차이는 어디에나 있다. 그런 분쟁을 대화로 끌고 가서 해결하려는 것이 부스 운영 도우미 연습보다 더 우선이다.

의견 차이로 분쟁이 있는 걸 경험하고, 해결하기 위해 토론하고, 해결하는 것을 배우는 곳이 진짜 학교의 모습이다.

10. 1(토) 나는 울보

어제 중간고사에서 수학은 문제가 쉽게 나와서 다 맞았지만, 과학은 문제를 잘 읽지 않아서 2개나 틀렸다. 수학, 과학 둘 다 열심히 한 과목이었지만 수학은 대부분을 공부방에서만 했고, 과학은 혼자서도 열심히 공부했기에 너무 아쉬웠다.

시험이 끝나고 친구들이랑 답을 비교해 보니까 헷갈려서 시험을 다 풀고 15분 정도 고민했던 문제는 맞았고, 틀릴 것을 생각지 못했던 문제를 어이없게 틀려 버려서 많이 당황했다. 생각하면 생각할수록 나에게 너무 화가 나서 울었다…. ㅋㅋ

친구들이 달래 주는데도 눈물이 멈추질 않았다. 그렇게 1차 오열. 수학여행 방 배정을 하느라 그쳤다가 조회가 끝나고 2차 오열. 교실을 정리하시던 담임 선생님이 엉엉 우는 나와 아무렇지 않게 있는 내 친구들을 보시고 웃으셨다.

어제는 엄청 슬펐는데 지금은 운 게 조금 후회되고 부끄럽다. 그때의 나 왜 그랬어….

10. 2(일) 선조들의 지혜(명심보감)

명심보감을 읽었다. '지족가락(知足可樂)이요 무탐즉우(務貪則憂)니라'란 만족할 줄을 알면 즐거울 것이요, 탐욕에 힘쓰면 근심이 있을 것이다. 오늘 읽은 부분에서 가장 기억에 남는 내용이다. 나도 가진 것에 최대한 만족하려고 한다. 옛날에는 다른 친구들이 쓰고 있는 물건을 똑같이 가지고 싶어 했다. 하지만 요즘은 내가 가지고 있는 것만으로도 잘 쓰고 행복해서 만족하면서 살고 있다.

이제는 정신적 가치를 추구하려고 노력한다. 그래서 취미 활동을 찾는 중인데 쉽지 않다. 더 노력이 필요한 것 같다.

10. 5(수) 스펙이란 무엇일까?

많은 사람이 스펙을 묻는데, 대부분은 키와 몸무게를 말했다. 정확한 스펙의 의미가 궁금해서 인터넷 사전을 찾아봤다.

「직장을 구하는 데 필요한 학력, 학점, 토익 점수 따위를 합하여 이르는 말」

왜 사람들은 스펙을 키와 몸무게를 물을 때 쓰는 것일까. 스펙

함께 쓰는 수학 일기

이란 의미대로 사용했으면 좋겠다. 물론 사람마다 기준이나 가치관이 다를 수는 있다.

하지만 외모가 삶의 기준이 되지 않아야 하고, 외모로 스트레스받지 않았으면 좋겠다. 우리는 모두 사랑받아야 할 존재고, 모두 너무 예쁘고 멋진 사람들이다. 모두에게는 개성이 있고, 예쁜 부분들이 있다. 그러므로 자신의 외모와 타인의 외모를 비교하고 신경 쓰지 않았으면 좋겠다.

제일 중요한 것을 잊어서는 안 된다. 우리는 모두 세상에 하나뿐이고 사랑스럽고 예쁘고 멋진 존재라는 것을 말이다.

10. 5(수) 수학여행 1일차

생애 처음으로 수학여행을 가는 날이다. 들뜬 마음으로 3시간 넘게 타고 점심을 먹을 휴게소에 도착했다. 휴게소에는 사람이 엄청 많았고, 우동을 시켰는데 아무리 기다려도 나오지 않아 슬슬 걱정되었다. 결국에는 빠르게 먹고 버스로 갔다. 버스로 들어갈 때 친구들에게 좀 미안한 마음이 들었다.

부산 흰여울문화마을에서 사진도 찍고 송도 해상 케이블카도 탔다. 자유 시간이 많아서 친구들과 좋은 추억을 쌓을 수 있었다.

10. 6 (목) 수학여행 2일차

부산 해운대와 아쿠아리움을 관람했다. 태종대에 가서 다누비 열차를 타고 관광할 예정이었는데 비가 와서 바로 경주로 가게 되었다. 경주 박물관에는 많은 유물 중에 금관이 가장 눈에 들어왔다. 저녁에는 야경이 아름다운 동궁과 월지에 가서 두 번이나 주위를 둘러보며 여행의 맛을 느꼈다.

부산과 경주를 가족과 함께 간 적이 있었는데, 오늘은 그때와 색다른 느낌을 받았다.

10. 7 (금) 수학여행 마지막 날

경주월드에 10시부터 입장인데, 사람들이 많아서 놀이기구 많이 탈 수 있으려나 생각했었다. 줄이 짧은 곳이 있어 3개나 탔는데, 2개의 놀이기구는 너무 무서워서 탈 때 눈을 못 떴다.

도중에 갑자기 비가 와서 비옷을 구매했다. 무서울까 봐 걱정하며 바이킹을 타고 비명을 질러 가며 탔다. 친구마다 자기의 놀이기구 탄 경험을 이야기하는 얼굴에 웃음꽃이 활짝 피었다. 수학여행의 추억을 간직하기 위해 관람차 근처에서 친구들과 재미

있는 포즈로 사진을 찍었다.

10. 7(금) 추억 가득한 수학여행

첫째 날에 송도 해상 케이블카를 탔다. 처음 타 보는데, 생각보다 재미있어서 놀랐다. 바다가 보이는데 우와…! 정말 예뻤다. 다음 일정은 흰여울문화마을이었다. 기대를 많이 했는데 생각만큼 예쁘지는 않았다. 단체 사진도 찍고 이것저것 설명 듣느라 구경할 시간이 짧아서 그랬던 걸까? 그래도 친구들과 사진도 찍으면서 재미있게 놀았다.

둘째 날에는 비가 와서 태종대에 가지 못하고 해운대 아쿠아리움에 갔다. 날씨가 안 좋아서 조금 슬펐지만 오랜만에 아쿠아리움에 가서 가오리를 보니 행복했다.

점심을 먹고 부산에서 경주로 이동했다. 경주 박물관에 갔다가 저녁을 먹고 동궁과 월지에 갔다가 숙소에서 자유 시간을 가졌다. 첫째 날에는 숙소를 3명이 써서 조금 심심했었는데, 둘째 날은 6명이 써서 야식도 먹고, 마피아도 하고, 장기자랑도 하면서 재미있게 놀았다.

셋째 날에는 경주월드에 갔다. 날씨가 조금 이상하다 싶었는데 비가 조금씩 왔다. 그래서 놀이기구도 많이 못 타고 사진도 못찍고…, 조금 아쉬웠다. 그래도 이렇게 친구들이랑 여행하니까 정말정말 재미있었다!

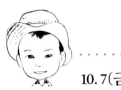

10. 7(금) 기나긴 수학여행을 다녀와서

홍성에서 부산까지 수학여행 버스를 타고 가는데 너무 오래 탄 탓인지 답답해서 속이 뒤집히는 듯한 기분이었다. 아무튼 도착해서 몇십 분 기다려서 케이블카 한 번 타 보고 흰여울문화마을도 가 보고 숙소에 가서 짐 풀고 밥 먹고 방에서 놀다가 잠이 들었다.

다음 날 늦잠 자서 아침부터 정신이 없었다. 아무튼 첫날은 그냥저냥 지나갔다. 그리고 둘째 날은 다른 건 다 좋은데 숙소가 마음에 안 들었다. 건물도 허름하게 생겨서 커피포트에는 곰팡이가 피어 있고, 조금만 떠들어도 시끄럽다고 문을 두드리는 관리원에, 맛없는 밥에, 다른 반에선 귀신이 나온다는 소문도 돌았다.

아무튼 2일 차에서 수학여행에 대한 환상이 산산이 부서졌다. 다음부터는 수학여행을 가지 말아야겠다. 진짜 진심으로 이만큼 재미없을 줄은 몰랐다.

3일차에는 별거 없었다. 놀이공원에 가서 기다리고 들어가서 놀이기구 몇 개 타고 나와서 다시 돌아왔다. 길다면 길고 짧다면 짧은 수학여행이 끝나고 나는 집으로 돌아왔다.

역시 집이 최고다. 이불 밖은 위험하다는 말이 괜히 생기는 게 아니다.

· · · · · · · ·

10. 9 (일) 산다는 건 뭘까?

사회 선생님께서 '산다는 건 뭘까?'라는 제목의 동화책을 주셨다. "선생님이 7살짜리 아기한테 읽어 준 책인데, 동화책이지만 여러 의미가 담긴 책이야. 지혁이 정도면 무슨 뜻인지 알고 여러 생각을 할 수 있을 것 같아."라고 하셨다. 감사하기도 하고, 선생님의 뜻이 있을 것 같았다.

"누구나 자기의 일평생이 있어. 길고 짧은 건 중요하지 않아. 얼마만큼 무언가를 쌓았는지가 중요해." 어떤 일을 몇 시간, 며칠, 몇 년을 하든 그 일에서 얻은 무언가가 얼마나 나를 깨우치고 변화시킨 게 무엇인지를 생각해 보는 게 중요하다고 나만의 느낌으로 해석했다.

"괜찮아. 천천히 하면 돼. 날마다 조금씩 쌓으면 돼. 어때, 오늘 하루 멋지게 완성해 볼까?" 무언가를 할 때 한 번에 해결되면 좋겠지만 아쉽게도 그런 일은 거의 없다. 그래서 작가가 어린아이들에게 하고 싶은 말은 한 걸음 한 걸음 꾸준히 걸어 보라는 것 같다.

어릴 때 책을 읽지 않아서 동화책은 거의 읽어 보지 못했다. 더구나 동화책은 어린이들이 읽는 수준 낮은 책이라고 생각했다. 오히려 이제는 동화책에 작가의 생각과 지혜가 담겨 있어서 읽으면 좋겠다고 생각했다.

10. 10 (월) 수학 축제 꼭 오세요~ ^^

'수학이 재미있으니 당신도 한 번 체험해 봐'라는 생각으로 주변 사람들에게 수학 축제에 오라고 소개했었다.

첫 타깃은 외할머니 댁에서 사촌 언니들에게 얘기했다. 처음엔 우리 학교 수학 캠프 이야기를 하다가 축제 쪽으로 주제가 넘어갔다. 어른들도 오니까 언니들도 오라고 축제할 때 전화를 주기로 했다. 그래서 처음으로 사촌과 전화번호 교환을 했다.

두 번째 타깃은 친구 수련이다. 홍성 수학 축제 때, 도우미가 없는 부스는 우리 학교 학생들이 지원을 나갔다. 내가 간 부스 운영 담당 쌤이 6학년 담임 쌤이었다. 수련이도 수학 축제에 왔더라면 쌤을 만나는 즐거움이 있었고, 수학 축제에서 어떤 체험을 하는가에 관해 이야기를 1시간 이상 산책하면서 했다. 긴 시간 동안 주제가 수학 축제 이야기만 했다는 것이 신기하다. 보통 수다를 떨면 주제가 서너 번 바뀌는데…. 내가 열정적으로 축제 이야기를 했었나 보다.

마지막 타깃은 아빠. 가을에 수학 축제가 있으니 동생과 와 보라고 했다. 학부모가 자녀들을 데리고 많이 오니, 아빠도 오시라고 했는데 아빠는 귀찮다는 듯이 말했다. 근데 싫다는 말은 안 하셨다. 축제 때 오라고 해야겠다. ^^

10. 11(화) 체육대회는 왜 할까?

체육대회 예선이 진행되고 있고, 학급마다 단체 티를 고르는 등 학교에 즐거운 소리가 가득하다. 수업에 들어갔는데, 학생들의 짜증스러운 소리가 들렸다. 이유를 물었더니 선수를 늘리라고 해서 선수로 나갈 만한 학생이 없어서란다.

체육대회 안내하는 교내 연수에서 제가 차기 대회에 학급당 대표 2명씩만 출전한다고 해서, 학급 전체 학생이 선수가 되어 뛰었으면 하는 마음으로 내가 제안했는데, 학급당 2명에서 6명으로 늘렸기에 선수 선발이 문제가 되었나 보다.

"체육대회를 왜 할까?"라고 질문했더니, '상금을 받기 위해서'라고 한다. 그래서 잘하는 대표 학생이 나가서 우리 반이 1등 했으면 하는 거다. "반 전체가 다 같이 뛰면서 즐겁게 하면 어떨까?" 질문했더니 상금이 없는데 무슨 의미가 있느냐고 한다. 4년 전 교내 체육대회에서 제욱이가 한 이야기를 들려주었다. 반 전체 학생이 참여하는 이인삼각 경기에 잘하지 못하는 도움반 친구까지 참여하도록 반장이 추진해서, 결국 그 반이 1등을 못 했단다. 대회가 끝나고 반 친구들이 반장에게 구태여 도움반 ○○를 경기에 뛰게 했느냐고 격하게 항의했단다. 반장인 제욱이가 반 친구들에게 답변하는 소리를 지나가던 선생님이 들으시고 전해준 이야기다.

"우리가 체육대회를 하는 이유는 상금을 타기 위해서가 아니라, 우리 반 모두가 함께 단합하는 시간이고 ○○도 우리 반이니까 다 같이 하는 것이 체육대회를 하는 이유다."

그렇게 생각하는 학생들이 있어서 우리 학교, 사회, 국민 한 사람 한 사람 모두 존중받고 자신감 속에서 살게 되리라 믿는다.

10. 13(목) 수학 구조물 만들면서 우정도 깊어진다

홍성 수학 축제 장을 수학적으로 장식하기 위한 대형 수학 구조물을 우리 수학 동아리(Math Love) 학생들이 하기로 했다. 대형 수학 구조물 조립을 연습하려고 야간 캠프를 했다.

나사로 조립하는 다빈치 구와 지오데식 반구, 나무 막대로 다빈치 다리, 조노돔으로 하이퍼 스페이스, 슈퍼 포디 프레임으로 씨어핀스키 삼각형을 조립하는 연습을 했다.

지오데식 반구에 5명, 다빈치 구에 5명, 조노돔 하이퍼 스페이스에 8명, 씨어핀스키 삼각형에 6명을 배정하였다. 아직 한 번도 만들어 보지 않았던 학생들이라 설명서를 보면서 이리저리 궁리하고 토론하면서, 안 되면 조립한 것을 다시 풀었다가 조립했다가를 반복하면서 조립했다.

팀끼리 대화하면서 같은 구조물을 만든 친구들끼리 더 끈끈한 우정까지 쌓는 것이 느껴져서, 수학 구조물 조립 방법을 익히는 것보다 생각을 표현하고 대화하며 친해지는 모습이 더 보기 좋았다.

10. 13(목) 실험해 보니 신기하고 쉬워

자유 학기제 주제 선택 과학 시간에 밀도차를 이용한 칵테일 만들기와 OHP 필름을 이용한 홀로그램을 만들었다.

칵테일 만들기는 3가지 음료를 밀도가 높은 순으로 컵에 스포이드로 옮겨 담는 거다. 처음에는 '과연 안 섞이고 잘될까?'라는 생각이 들었지만 조심히 옮기다 보니까 되긴 했다. 스포이드로 옮기는 과정에서 실수로 스포이드를 잘못 눌러서 섞일 줄 알았는데 파워에이드가 주스 속에 확산하다가 다시 제자리로 돌아오는 걸 봤다. 밀도차로 경계가 형성되는 것이 신기했다. OHP를 이용한 홀로그램은 필름을 사각뿔대 모양을 만들고 핸드폰 위에 거꾸로 뒤집어 올려놓고, 영상을 보면 영상 속 캐릭터들이 3D로 구현되는 것이었다. 영상 속 캐릭터들이 현실로 튀어나온 것이 정말 신기했다.

평소 과학 시간에는 실험을 못 하는 경우가 많고, 원리만 설명을 듣고 영상으로만 봐서 굉장히 아쉬웠었는데, 실험과 일상 과학을 이용한 예를 배우니까 정말 지루할 틈 없이 재미있게 느껴졌다.

10. 14(금) 기대되는 주말 행사들

내일은 홍성 수학 축제 도우미로 참가한다. 여러 번 도우미 활동 연습을 해서 준비는 되었지만, 체험 참가자들에게 잘 설명할 수 있을지 걱정도 되고, 기대도 된다. 모르는 누군가에게 설명했을 때 어떤 느낌일지 궁금하다.

또 하나는 22일 토요일에 독서 동아리에서 서울 대학로를 간다. 사전에 '시간을 파는 상점'을 읽고, 서울에서 연극을 보고 여러 가지 체험을 하게 된다고 한다.

두 일정 모두 친구들이랑 선생님들과 함께하는 활동이라서 뜻 깊은 경험이 되리라 기대된다.

10. 14 (금) 대형 수학 구조물이 주는 즐거움

방과 후 동아리 학생 18명이 홍성 수학 축제 장소인 홍성중 체육관으로 갔다. 출입구에 풍선 아트 아치가 있고, 벽에 군데군데 꽃 모양으로 장식된 풍선에서 축제 분위기가 물씬 났다.

우리 수학 동아리 학생들은 많은 연습을 했기에 빠른 손놀림으로 수학 구조물을 완성했다. 수학 구조물 만든 학생들을 위해 자기가 만든 구조물 앞에서 기념사진을 찍어 주려고 했었는데, 이것저것 챙기느라 깜빡하고 못 찍어서 아쉽다. 무대 위에 다빈치 구와 지오데식 반구, 출입구에 조노돔 하이퍼 스페이스와 시어핀스키 삼각형, 와카 워터, 다빈치 패턴을 배치했다.

누구는 장미꽃이 예쁘고, 저녁노을이 예쁘다고 한다. 내게도

물론 그것이 주는 기쁨이 있다. 그러나 나는 이런 수학 구조물을 바라보면서 그 아름다움에 흠뻑 빠진다. 남들보다 아름다움에 취하는 코드가 더 있다는 것이 너무나 감사하다.

10. 14 (금) 난 선생님 하지 말아야지 (상)

이번에 홍성군 수학 축제에 가서 부스 운영을 한다. 축제는 체험하는 사람은 재미있지만 그걸 운영하는 처지가 되어 보니 부스를 준비하는 게 아주 귀찮았다. 수학 축제는 우리 학교에서뿐만 아니라 다른 곳에서도 와서 굉장히 다양한 부스를 운영했다. 당연하게도 부스가 많아지니 준비해야 할 것도 늘어났다. 그중에서 가장 오래 걸리고 힘이 든 것은 하이퍼 스페이스라는 구조물이었다. 이 구조물은 다양한 길이의 막대기들을 이어서 만든 하나의 거대한 구인데, 이를 위한 부품이 한두 명으로는 만들기도 오래 걸릴 뿐더러 조립하기도 어려웠다. 물론 설명서가 있기는 했지만 바로 이해하기란 불가능했다. 이것 때문에 얼마나 고생했는지 생각하면 다시 만들고 싶은 마음이 절로 사라졌다. 아무튼 학교에서 부스를 운영할 준비물들을 가져다 놓고 정리하고 하다 보니 시간이 금방 갔다. 준비가 어느 정도 끝나자 다들 내일 있을 축제를 위해 다들 각자의 집으로 돌아갔다. 높게 쌓아 올려진 수학 구조물들을 보니 아주 만족스러웠다. 이런 거 하려고 수학 캠프 하는 것 같다고 느낀 순간이었다.

10. 15(토) 수학으로 너무나 즐거웠다

많은 시간과 생각으로 준비하던 홍성 만해 생각(만지고, 해 보고, 생각하는) 수학 축제일이다. 우리 학교에서 24개 부스를 지원하고, 도우미 학생 72명이 참여했다. 코로나로 중단되었던 대면 행사가 오랜만에 개최되어서 많은 학생과 학부모님이 참석하셨다.

5살짜리 유치원생부터 중학생까지 참여했는데, 유치원생도 나름 할 것이 있고, 중학생도 생각할 만한 거리가 있는 체험 부스로 구성되어 풍성했다. 어떤 유치원과 초등학생 가족이 점심을 먹으면서 "엄마, 우리 내일도 여기 오자. 매일매일 오자." 하는 소리가 들렸다. 단지 재미만 있는 것이 아니라, 그 속에 모두 수학이 들어 있었는데, 수학으로 이렇게 즐거울 수가 있다.

어찌나 체험하려는 사람이 많은지 도우미 학생들이 단 1초도 못 쉬고, 동시에 여러 명에게 설명해야 하는 힘든 상황이었는데, 너무나 성실하고 친절하게 안내와 설명을 해 주었다.

그중에 별로 말이 없고 조용한 성격의 학생이 몇 명 있었다. 도우미를 하는 것이 좋은 경험이 될 것 같아서 여러 번 권했더니 참여했다. 혹시 부담스러워 포기하거나 힘들어할까 봐 수시로 들여다보았는데, 우려할 필요가 전혀 없이 적극적으로 설명하는 모습이 너무나 보기 좋았다.

예상했던 것보다 너무 많은 참가자로 인해 14:00에 준비한 재료가 소진되어 미리 종료해야 할 정도였다. 파이 값 외우기, 다빈치 다리, 큐브 맞추기, 의자 쌓기는 기록 경기로 '명예의 전당'을 운영하고, 기록 1위에게 수학 교구를 상품으로 수여했다. 파이 값 외우기에 5살짜리 유치원생이 파이 값을 3.1415926535까지는 도전했고, 초등 1학년이 30자리까지 외웠으며, 1위의 기록은 120자리였다. 우리 학교 파이데이 행사에서는 외울 시간을 더 주었기에 520자리가 최고 기록이었다.

수학 체험 참가자들이 누가 도우미인지 쉽게 알 수 있도록 모든 도우미 학생과 교사들은 빨간 하트가 달린 머리핀을 꽂았다. 쑥스러워하는 남학생도 있었지만, 볼수록 예뻤다.

함께 쓰는 수학 일기

10. 15 (토) 내가 수학 축제 도우미로~ ^^

항상 참가자였던 수학 축제를 이번에는 도우미로 '저울 폭탄을 막아라'를 했다. 이해하기 쉽고 자연스럽게 설명하려고 연습도 열심히 했다. 교복을 입고 축제하는 곳으로 이동했다.

물로 하면 주변이 젖어서 쌀을 사용하는 거라 큰 틀에 쌀을 담았다. 끝나고 쌀을 담을 생각에 흠칫했지만 그래도 하다 보면 흘릴 테니까 어쩔 수 없지. 준비가 빨리 되어서 다른 부스는 어떻게 배치했는지 둘러보러 갔다.

선생님이 우리 학교 도우미 표식으로 하트 머리핀을 끼고 다니라고 했는데, 친구들끼리 끼고 있으니 서로 보고 엄청나게 웃기도 했다. 하트 머리핀을 안 끼는 친구를 위해 직접 찾아가서 끼워 주는 서비스도 했다.

우리 부스의 첫 참여자는 유치원생이었다. 이 저울 폭탄은 처음 해 보면 어려운데, 방법을 알면 엄청나게 쉬워졌다. 그래서인지 유치원생도 당연히 어려워했다. 참여자 보호자님들이 같이 하시는데 처음은 어렵다 보니 중간중간 힌트도 주고 했더니 풀렸다. 부스 참여하면 스티커를 붙여 줬다. 이 스티커를 많이 모으면 교육청에서 수학 교구를 선물로 주고 있어서 체험을 더 유도하는 효과가 있는 것 같다.

우리 부스에 참여자들이 점점 많아졌는데, 유치원생부터 고등학생 더 나아가 다른 학교 선생님과 학부모님들도 있었다. 처음

에는 어려워서 거의 풀지 못하는데 초등학생들과 유치원생들이
생각보다 빨리 푸니 엄청나게 놀랐다.

부스를 비울 수 없어서 교대로 점심을 먹기로 했는데, 사람들
이 너무 많이 오기도 하고, 개인적으로 도시락을 좋아하지도 않
아서 물만 먹으면서 계속 설명했다. 사람들이 많이 올 때는 우리
가 서 있을 자리도 부족할 정도였다.

계속 시범을 보이며 설명하다 보니 쌀 때문에 손이 흰색으로
되어 가고 있었고, 목소리도 바뀌기 시작했다. 설명할 때랑 평소
말할 때랑 톤이 달라져서 목소리가 살짝 나간 것 같다. 스티커를
붙여 주고 나서 스티커 다 쓴 판을 보니 뿌듯하기도 했다. 다른
부스랑 비교해 보니 우리 부스에 사람들이 엄청나게 찾아왔다.
이걸 친구들한테 알려 주니 우리 부스도 이만큼 했다고 서로 자
랑하기도 하고 서로 부스에 있었던 일도 말하고 재미도 있었다.
아무리 생각해도 우리 부스가 '짱'이었다. ㅎㅎ

수학 축제 마치고 바닥을 보니 바닥에 쌀이…. ㅎㄷㄷ. 쌀을 치
우려니 장난 아니었다. 큰 틀에 있는 쌀을 다시 자루에 옮기는데
터져서 다시 하고, 분명히 자루에 모두 담겼던 쌀인데 안 들어가
서 다시 담느라 엄청나게 씨름을 했다.

참여만 했던 축제를 부스 도우미로 가서 해 보니 정말 새롭고
재미있고 뿌듯했다. 내년에도 할 수 있다면 또 하고 싶다.

10. 15 (토) 수학 축제 도우미를 해 보니~

수학 선생님께서 수학 축제에 도우미를 해 보라고 하셔서 기대하고 참여했다. 초등학교 샘이 운영하는 부스에 우리 학교 동아리에서 지원해 주는 것인데, 난 '우봉고' 보드게임 부스를 맡았는데 꽤 재미있었다.

시작하기 전에 책상도 닦고 설명하기 위해 보드게임도 미리 해 보았다. 평면 우봉고와 입체 우봉고가 있었는데, 친구들은 평면 우봉고를 잘했고, 나는 입체 우봉고가 더 재미있었다. 그래서 역할을 나누어 열심히 설명하고 스티커와 보상으로 젤리도 나누어 주었다.

자리가 부족할 만큼 사람들이 많이 와서 우리의 손과 발은 쉴 틈이 없었다. 어린 친구들이 많이 와서 못 할 것으로 생각하고 도와주려 했는데, 다들 혼자 너무 잘해서 놀랐다.

솔직히 말하자면 계속 같은 설명하는 것은 조금 귀찮았지만, 열심히 설명했다. 야외 부스라서 덥고 힘들었지만 좋은 담당 선생님을 만나 편안한 마음으로 할 수 있었던 것 같아 선생님께 감사드린다.

또한 초등학교 선생님도 수학 축제에서 만나 이야기를 나누었는데 정말 반가웠다. 집에 오니 발도 아프고 목도 안 좋았다. 하지만 좋은 경험을 쌓은 의미 있는 하루였다.

10. 15(토) 수학 축제 도우미 하며 생각된 것

홍성 수학 축제에서 '저울 폭탄을 막아라' 부스의 도우미를 맡았다. 나랑 준영이는 부스 안쪽에서 활동했는데도 쉴 틈 없이 사람들이 방문해서 앉지도 못하고, 활동에 대해 안내하고 체험을 해 보도록 설명했다. 부스 앞쪽에서 활동한 2학년 누나와 9반 친구는 더 대단하다고 느꼈다. 앞쪽은 초등학교 저학년이라 설명도 힘들었을 텐데, 동시에 4~5명에게 설명하고 도와주는 모습을 보면서 "와!" 소리가 절로 나왔다.

참가자들에게 설명해 주면서, 다양한 사람들을 보게 되어 한 가지 사실을 관찰하게 되었다. 참가자들이 실수할 때 보호자님들이 답을 바로 알려 주시는 분, 화를 내시는 분, 힌트를 주시는 분, 아이에게 질문을 하시는 분. 대략 4가지 유형의 보호자로 구분이 되었다.

답을 바로 알려 주시는 분들은 아이가 풀기는 했지만, 원리를 이해하지 못하는 눈빛이 많이 보였다. 화를 내시는 분들의 아이는 다음에 어떤 행동을 취할지 눈치를 보면서 결국 해결하지 못하는 경우가 대다수였다. 힌트를 주거나 질문을 하시는 분들은 아이가 금방 답을 찾아냈다. 부모님의 행동에 따라서 어떻게 행동하는지 달라지는 걸 관찰했다. 몸은 무척 힘들었지만, 많은 것을 느끼고 생각하게 된 경험이었다.

10. 16(일) 왜 수학 축제를 할까?

많은 사람이 수학이란 답이 정해져 있는 것을 계산하는 문제 풀이라고 생각한다. 계산은 낮은 수준의 활동이고, 4차 산업 혁명 시대의 수학은 패턴을 연구하는 학문이며, 심미적이고 창의적이며 아름다운 학문이다.

수학은 세계를 이해하기 위한 여러 개의 아이디어와 연결, 연관성들의 집합으로서, 수학적 렌즈를 통해 세계를 바라볼 수 있다. 수학적 연구를 통해 개발된 패턴을 통해 새롭고 강력한 지식이 만들어지는 수학에 대해 접해 보는 경험을 제공하기 위해 수학 축제를 개최하는 것이다. 더러는 수학 체험은 좋아하고 수업 시간에 수학 교과는 싫어하게 되지 않을까 우려한다. 그러나 생각하는 힘을 기르면 수학 교과에 대해 이해력이 향상된다고 확신한다.

현재까지 알고 있는 수학에서 벗어나 상상을 이뤄 주고, 생각을 키워 주며, 감성을 채우는 수학으로써 만져 보고, 생각해 보고, 느껴 보도록 수학 축제를 개최하는 거다.

10. 18 (화) 수학과 연계한 기후 환경 교육

수학 교과에서 실생활과 연계하고 기후 환경 교육을 할 수 있는 수업을 고민하고 있었다. 주택용과 교육용 전기 요금 체계를 익혀서 실제로 계산해 보면서, 그런 요금 체계가 의도하는 에너지와 탄소 발생량을 계산하는 수업을 기획했다. 그동안 강조되었던 '에너지 절약'이 초점이 아니라, 그 에너지를 발생하기 위해 사용되었던 가스, 석탄, 석유 등에서 발생하는 '환경 오염의 심각성'을 피부에 와닿게 하고 싶었다.

전기 요금 체계에 대해 교사 강의로 설명을 하고, 실제 계산하는 것은 '함께 배움' 방식으로 자유롭게 자리 이동하면서 친구들과 함께 풀게 했다. 교사의 역할은 평소에 하던 대로 학습 이해가 늦은 학생을 찾아가서 개별적으로 설명하였다. 수업 방법에 관한 연구와 피드백을 위해서 수업 전체를 비디오카메라로 녹화했다.

학생들이 활발하게 토론하는 수업을 생각했으나, 체육대회 예선을 하면서 학생들이 너무 지쳐 있고 경기에 져서 만사가 무기력해 있는 상태로 수업을 하니, 내가 진정으로 원하는 만큼 학생들을 집중시키기 어려웠다.

수업 성찰을 작성한 글을 읽어 보니 전기가 무제한인 줄 알았는데, 아껴야 하는 이유가 에너지 절약보다는 환경 오염이 되고 기후에 영향을 주니, 환경을 지켜야겠다는 각오를 표현했다. 이렇게 수업한 학생들부터 시작된 환경 지키는 실천이 전 국민으로 확산되어 지구 환경이 좋아지기를 빌어 본다.

10. 20(목) 잎 하나 차이, 행운과 행복

네잎클로버는 행운을 뜻하고 세잎클로버는 행복을 뜻한다. 흔한 세잎클로버 대신 희귀한 네잎클로버만 찾곤 한다. 나도 그렇다. 그런데 "행운을 찾느라 행복을 놓치고 있지는 않으신가요?"라는 말을 듣고 깨달았다. 우리는 네잎클로버를 찾기 위해서 세잎클로버를 지나치고 짓밟곤 한다.

우리는 가능성이 적은 행운을 위해서 우리에게 가까이 있는 행복을 놓친다는 것이다. 네잎클로버를 찾기보다 세잎클로버를 더 소중히 여기며, 하나의 네잎클로버보다는 여러 개의 세잎클로버를 더 많이 발견하며 살아야겠다.

10. 21(금) 중학교에서 맞이한 첫 체육대회

중학교에서 처음 하는 체육대회 날이었다. 학급마다 개성 있는 반 티를 입고 체육대회를 한다고 해서 기대가 되었다.

체육대회 사전 행사로 태권도 시범단의 공연을 봤는데, 절도 있고 강력한 태권도의 동작만으로도 함성이 터져 나왔다. 유관순 열사의 독립운동을 테마로 연극처럼 진행하는데, 너무 감동적이어서 눈물이 나왔다.

학급 대항으로 줄다리기, 판 뒤집기, 이인삼각, 제기차기, 8자 줄넘기, 계주가 있었는데, 나는 판 뒤집기에 참여했다. 2개 차이로 9반에 져서 조금 아쉬웠다. 그래도 친구들과 하루를 재미있게 보낸 것 같아 너무 좋았다.

10. 21(금) 체육대회는 꼭 필요한 공부

전교 학생이 체육대회를 하는데, 운동장이 너무 작아서 1학년은 실내의 강당, 2학년은 운동장, 3학년은 지역에서 운영하는 농구장에서 하다가, 일정한 간격으로 장소를 순환하며 하게 되었다.

학급마다 반 티를 맞춰서 입고 운동장에 모두 모여 준비 운동을 하는데, 체육대회가 실감 났다. 종목마다 아이들의 전략과 협동심을 보는 게 정말 재미있었다.

무엇보다 9개 반이 각 종목을 출전할 때마다 각 반 친구들이 열심히 뛰는 친구들을 보며 정말 반가웠다. 학생의 개성과 끼를 키워 주는 체육대회는 공부에 꼭 필요한 요소인 것 같다.

함께 쓰는 수학 일기

10. 21(금) 불나방이 되면 지는 거야!

체육대회 날 체육 선생님이 담임인 1-2반 임시 담임을 했다. 선수들이 모두 정해진 종목이 대부분이라서 그다지 할 일이 많지는 않았고, 아이들 옆에서 안전 지도를 하는 편인 것 같다. 그런데 흥분할 일이 생겼다. 어린이집에서도 많이 하는 컬러 매트 뒤집기 게임을 하는데 너무 답답한 행동을 보이는 것이다. 앗, 임시 담임인 학급이 공교롭게도 맨 처음 팀이라 노하우를 설명할 시간이 없다. 아이들은 자기 편이 이길 매트를 찾아 정신없이 돌아다닌다. 왜 돌아다니지? 불나방처럼 멀리 있는 매트를 뒤집으러 땀을 흘리며 뛰어간다. 아~ 왜?

자기 자리에서 가만히 내 주변만 지키면 되는데…. 소탐대실이다. 저 멀리 한두 개를 뒤집으려다 원래 뒤집어 놓은 대여섯 개가 모두 상대편 것이 되어 버린다. 다음번 경기에 내가 원래 부담임을 맡은 1반이 게임을 하게 되었다. 가서 목소리 높여 자기 영역만 지키고 절대 움직이지 말라고 당부하고 또 당부했다. 다행히 한두 명 빼고 나의 이야기를 이해하고 잘해서 이겼다. 그리고 이해하지 못했던 아이들이 제대로 하면서 준결승, 결승까지 가서 결국 우승했다. 너무 뿌듯했다.

우리는 자기도 모르게 소탐대실하는 일이 많다. 불나방처럼. ^^

10. 22 (토) 상상플러스 서울 여행

기다리던 상상플러스 활동이 있는 날이다. 중국집 식당에서 자장면을 먹었다. 양념장이 적고 맛은 일반적인 맛이었다.

메인 이벤트로 '시간을 파는 상점' 연극을 봤다. 배우님들의 열정의 눈빛, 1인 다역의 연기 소화, 원작에 없는 유머러스함까지, 조화가 완벽한 연극을 봤다. 눈물이 나올 정도로 감정을 끌어내는 게 정말 감동적이었다.

두 번째는 광고 만들기 직업 체험인데 시간이 촉박해서 퀄리티가 낮게 만들어진 게 아쉬웠다. 그래도 친구들과 선생님들이 함께한 서울 여행은 잊지 못할 아름다운 추억이 되었다.

10. 22 (토) 배움 중심 수업 연수

부여에서 도내 수학 교사 중 희망자 대상으로 연수가 있어서 강사로 참여했다. 2012년쯤부터 나의 수업 철학은 '배움 중심 수업'이었다. 어설프고 서툴러서 마음대로 안 되기도 했다. 수업 철학과 실제 수업에 적용한 사례를 들려주고, 참여한 선생님들의 이야기도 나누는 시간을 가졌다.

배움 중심을 잘 구현했다기보다는, 배움 중심을 목표로 달려

왔다. '학이시습지면 불역열호아(學而時習之 不亦說乎)'라는 논어의 글을 경험해 본 사람은 공감할 것이다. 배움의 즐거움이 자기 자신에 대한 자존감과 자신감으로 이어져서 주변 친구들 관계 맺음을 어떻게 할지, 세상을 포용하고 끌어안는 삶으로 연결된다고 생각한다.

그래서 학생들이 배움으로 성장하면 부자 되고 출세하는 삶이 목표가 아니라, 아름다운 인간으로 바로 서게 하고 싶다. 그 길을 나는 '수학'이라는 도구로 접근한 것이다.

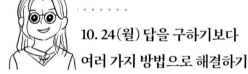

10. 24 (월) 답을 구하기보다 여러 가지 방법으로 해결하기

삼각형의 내각과 외각 수업이었다. 삼각형 종이를 찢어서 3개의 각을 모아 보니 어떻게 생긴 삼각형도 모두 일직선이 나와서 180°라는 것을 확인하는 것이 신기했다. 다음으로 평행선의 성질을 이용해서 동위각과 엇각이 같다는 것으로 내각을 모두 모으니 일직선이 되는 것을 확인했다.

종이를 잘라서 직접 해 보고, 논리적으로 풀어 보며 여러 가지 방법으로 이미 알고 있었던 삼각형의 내각의 합이 180°라는 것을 해 보았다. 문제 풀이도 한 가지 방법이 아닌 여러 가지 방법으로 풀어 보는 것이 더 많은 생각을 하게 해 주었다.

10. 25 (화) 우리도 그럴 수 있을까?

미국의 미니시리즈를 보고 있는데, 시리즈의 주제도 아니고, 흐름 중 지나가는 어떤 장면에 마음이 꽂혔다.

70대 노부부가 각자 자기 일(사업)을 하고 있다. 부인의 사업이 부진하여 빚진 사업을 계속 이어 가려면 직원을 해고해서 인건비를 줄여야 했다. 그러나 그 직원을 해고하면 그 가족들의 생계가 끊기니까, 너무나 소중한 집을 팔아서 사업을 계속한다는 것이다. 그 이야기를 들은 남편이 찾아와서 직원의 생계를 위해 아끼던 집까지 처분하는 것에 대해 지지하고 공감하는 대화를 하였다.

우리는 내가 잘되는 것이 기준이라 그런 결정을 스스로 내리지도 않을 테고, 부인이 그런 결정을 하면 남편이 반대하면서 시끄러워질 텐데, 그 나라는 그런 드라마를 보면서 자연스레 사람들의 인식 속에 더불어 살아가는 삶을 보여 주고 있다.

내가 더 경제력이 있다고 하고 싶은 것 마음대로 하면서 나만 즐기며 사는 것이 아니라, 그들이 곧 '나'일 수도 있다는 마음으로, 엄청난 존중과 배려 같은 용어도 필요 없이 이 세상에서 같은 땅을 밟고 살아가는 사람들이 토닥토닥 더불어 살아가는 드라마다. 내가 꿈꾸는 세상의 모습을 보여 주어서 그 장면이 계속 머릿속에 맴돌고 있다.

10. 25(화) 개념 이해했는데 왜 안 풀리지?

학원에서는 피타고라스의 정리를 배우며 '3, 4, 5', '5, 12, 13', '8, 15, 17' 등의 수가 피타고라스의 정리인 $a^2 + b^2 = c^2$이 성립한다는 것을 알게 되었다. '음, 완벽하게 이해했어.'라는 심정으로 문제를 맞이하니 갑작스럽게 혼란을 맞았다. 전혀 문제가 풀리지 않았던 것이었다. 이런 적은 처음이었다. 개념을 이해하고 문제를 풀 때 이렇게 가로막힌 적은 처음이었다.

10. 25(화) 작도로 보물의 위치 찾기

컴퍼스와 눈금 없는 자를 활용한 작도로 지도에서 보물의 위치 찾는 수행 평가를 했다. 선생님이 설명하고 따라 그리는 것은 수업 시간에 했는데, 문장으로 주어진 것을 보고 그 지도에서 어떤 것을 작도해야 하는지 파악하는 것이 어려웠다. 예를 들어 지하철역 C를 중심으로 빌딩 E와 국회의사당 D가 이루는 각을 그리라는 등을 이해해야만 했다.

이해하게 된 과제는 각을 옮겨야 하고, 수직 이등분선을 그려야 하고, 정삼각형을 작도할 수 있어야 한다. 다행히 자유 학기제라 친구들과 토의하는 것이 허용되어서 잘 완성하였다.

10. 26(수) 수학을 그림으로 이해하기

다각형의 내각의 합을 구하는 수업이었다. 공식에 맞춰 풀기에 바빴는데, 육각형의 경우 여러 가지 방법으로 잘라서 구하는 활동을 했다. 각자 세 가지씩 다르게 잘라서(삼각형 3개, 사각형 2개, 삼각형 6개 등) 내각의 합을 구해 보고, 칠판에 나와서 앞에 친구가 그린 것과 다른 방법으로 잘라 보도록 했다.

그중에 S가 나와서 풀이한 방식은 정말 특이했고, 기발한 방식으로 풀이하는 설명을 듣고 우리 반 친구들이 모두 감탄했다. 공식으로 사용할 때는 외운 것이 헷갈렸는데, 그림으로 이해하니 금방 생각이 나고 앞으로도 헷갈리지 않을 것 같다.

10. 27(목) 외각의 합을 체험으로 배우기

다각형의 외각의 합은 논리적으로 하면 내각과 외각을 합하면 평각 $180° \times n$이니, 내각의 합인 $180° \times (n-2)$를 빼면 항상 $360°$이다. 실제로 사각형, 오각형, 육각형, 칠각형의 외각을 잘라서 모아 붙였더니, 평면을 채우는 $360°$가 되었다. 자르고, 붙이는 시간이 걸렸지만, 실제로 눈으로 보니 더욱 실감 났다.

10. 27(목) '진로'란 나를 돌아보는 것

1학년 전체 학생이 진로 캠프를 했다. 내가 어떤 직업을 갖는 것을 '진로 계획'이라고 여겼으나, 내가 어떤 사람인 것을 되돌아보면서, 나를 찾아가는 활동으로 운영되었다.

점심시간에 수석실에 찾아온 D가 '오늘 진로 캠프에서 1학기 동안의 저를 돌아보는 시간을 가졌어요. 너무 좋았어요. 정말 놀라운 것은 제 중심에 항상 S가 있었어요.'라고 한다. 중학교 1학년 학생은 눈앞에 상황에 집착하고, 나에게 중요한 것이 무엇인지, 나는 어떤 사람인지를 성찰하는 것이 부족하다. 그런데 자신을 들여다보는 프로그램이었고, 미처 깨닫지 못한 자신의 모습을 보게 되었다는 것이 의미심장하게 다가왔다.

아직 그런 생각을 해 보지 않은 경우도 많다. 이런 프로그램이 가능한 자유 학기제가 전 학년으로 확대되었으면 한다.

10. 28(금) 수학 교과서가 끝이 아니다

다각형의 내각과 외각 구하기 단원의 점프 과제 해결하는 수업이었다. 홍성에 있는 조양문의 상단에 합동인 사다리꼴 13개로 이어 붙인 아치형 구조물의 네 내각의 크기를 구하라고 했다. 정

26각형의 내각의 합이 4320°이고, 똑같이 26으로 나누어서 약 166°가 나오는데, 반으로 자르니 83°가 되었다.

설명을 들으니 이해가 되었고, 수학이 교과서가 끝이 아니라 생활 속에서 사용되는 것을 생각하게 되었다.

10. 28(금) 생각 말하는 것을 주저하는 사회

같은 학교에 있다가 이제는 각각 다른 학교에 근무하는 4명의 교사가 만났다. 자연스레 교사의 역할에 관한 이야기가 나왔다. '이것이 확실히 옳다고 확신하면 그것을 이야기해야 할까?'에 대해 이야기가 오갔다. 아무리 말해도 받아들이지 못하면 구태여 관계가 나빠지니 차라리 이야기 안 하는 것이 낫다고 한다. 더군다나 대중 매체에서 '꼰대'라는 말로 분위기를 형성해서 더 주저하게 만든다.

내가 상황을 바꿔 보려고 나의 의견을 제안했던 경험을 말했더니 그런 용기를 낸 나를 존경스럽다고까지 했다.

개인의 자율성을 중시하였던 고대 그리스 문화는 평민일지라도 왕의 의견에 반기를 들고 왕과 논쟁을 벌일 수 있었다는 글을 읽었다. 그렇게까지는 못하더라도 옳다고 여기는 것은 공유해야 서로 발전하는 것이 아닐까?

10. 29 (토) 수학 꽃이 피었습니다!

아산 소재 충남과학교육원에서 열리는 수학 축제에 우리 학교에서 28명이 참여하게 되어 7대의 승용차가 필요하였다. 지원해 주실 학부모님을 섭외하는 것이 또 하나의 업무가 되었다.

행정실에서 정보를 주셔서 초등학교 스쿨버스를 신청했더니 다행히 한 분이 도와주신다고 해서 수학 교사 3명, 학생 25명이 참가했다.

'저울 폭탄을 막아라'와 '암호를 풀어라'의 2개의 체험 부스를 운영하게 되어 도우미 할 학생과 체험 학습에 참가하려는 학생들이 함께 갔다. '저울 폭탄' 부스는 물로 하는 것이지만 주변이 질 퍽해지는 어려움으로 인해 쌀로 교체해서 체험하게 했더니 초등학교 저학년도 도전하여 즐겁게 참여하였고, '암호' 부스도 첫 과제는 해결 못 해도 도우미가 암호 원리를 설명하면 스스로 해독하는 기특한 모습을 보였다.

이미란, 전은경, 조성욱 선생님이 부스 운영 도우미와 체험 참가 학생 활동을 지원했다. 접근성 탓인지 홍성 수학 축제보다 체험 참가자가 많지 않아서 도우미 학생들이 교대로 체험 활동을 해 볼 수 있었다. 도우미가 아니라 체험에 참여하려고 온 학생들도 덩달아 도우미를 같이 하는 걸 보니, 체험 활동보다 도우미 활동을 더 즐기는 것 같다. 우리 학교 학생의 표식으로 빨간 하트 머리핀을 했는데, 체험 달성할 때 주는 교구(스피로 그래프 자, 또는

2×2 큐브)보다 저학년 아이들이 그것을 받고 싶어 했다.

나는 수학 클리닉 상담까지 하느라, 세 곳의 부스를 이동하면서 하루 종일 동동거렸다. 초등 저학년 부모님들이 수학을 잘해야 한다는 부담감을 많이 느끼고 계셔서, 학생보다는 학부모 대상으로 수학 클리닉 상담이 더 필요함을 느끼게 되었다.

돌아오는 길에 학생들에게 음료수를 사 주려고 버스를 잠시 정차하고 민경이를 마트로 보냈는데, 너무 오래 기다렸다. 내가 구매하러 갔다면 일괄적으로 주스 1개씩 사 왔을 것 같은데, 카톡으로 개인별로 어떤 것을 원하는지 주문을 받고 마트에 가서 주문한 것이 없으면 그 친구에게 연락하여 다시 주문을 받아 개별 맞춤형 구입을 하느라 시간이 길어졌다.

주는 대로 받던 기성세대와 너무나 다르다. 개별 욕구와 선택을 중요시하고, 반드시 본인이 원하는 것을 선택하는 문화가 형성되어 가고 있다.

충남 수학탐구나눔 한마당을 주관하신 김진순 장학사님께 감사한 마음이다. 다양한 수학 체험을 추진해 주셔서 우리 학생들에게 의미 있고 행복한 시간이었다. 게다가 [수학 꽃이 피었습니다]라는 주제에 맞춰 부스 운영 동아리에 국화꽃 화분을 선물로 주셨다. 학교로 가져와서 현관 입구 쪽에 주욱 배치했더니 보랏빛과 노랑의 풍성한 국화가 가을을 더 깊게 음미하게 해 주었다.

10. 29 (토) 충남 수학 축제 도우미를 하다

아산에 처음 가 본 것 같다. 아산에서 개최된 충남 수학 축제에 우리 학교가 2개의 부스를 운영해서 도우미로 참여했다. 전반부와 후반부로 나뉘어서 도우미를 하는 거라 체험해 볼 수 있다는 장점이 있었다. 처음 부스 도우미를 하는 것이라 어떻게 참가자를 대해야 할지, 체험자가 난항을 겪을 때 어떻게 도와야 할지, 이런저런 실수를 하며 부스를 운영했다.

후반부에 다른 부스에서 체험 활동 할 때, 맹거 스펀지 열쇠고리를 만드는 것과 도자기 컵에 수학 그림 그리기를 체험했다. 돌아오는 버스에서 캔 음료를 주셨는데 활동의 보상으로써 기분이 좋았지만, 한편으론 내가 이 캔 음료를 받을 만한 노력을 했는지 생각하며 기분이 무안해졌다.

10. 29 (토) 두 번째 수학 축제 봉사 활동

작년에 이어서 충남 수학 축제 봉사 활동을 했다. 작년에는 선생님까지 포함해서 7명이 참석했는데, 올해는 많은 부스 도우미와 체험 활동 참가자가 함께 갔다.

작년에는 '도마뱀과 함께하는 4색 정리'라는 체험 부스를 했는데, 올해는 '암호를 풀어라' 부스를 운영했다. 축제 분위기를 내려고 음악을 크게 틀어 놓았는데, 바로 우리 부스 앞이라서 설명을 더 큰소리로 해야 하는 것이 힘들기도 했다. 대부분 부모님이랑 같이 온 초등학생들이었는데, 부모님도 암호를 함께 풀어 보고 관심을 가져서 좋았다. 예전에는 누군가에게 설명하는 것이 어려웠었다. 하지만 학년이 올라가서일까? 자신감이 생겨서 재미있었다.

작년과 달리 다른 학교 동아리 부스들도 천천히 둘러보며 체험할 수 있어 좋았다. 3학년 때도 충남 수학 축제에 꼭 참여해야겠다.

10. 29(토) 난 선생님 하지 말아야지(하)

충남 수학 축제를 갔다. 내가 이번 수학 축제에서 맡았던 부스는 '저울 폭탄을 막아라'라는 부스였는데, 다른 일기에서 부스 설명이 있다면 설명을 건너뛰려고 했는데 부스 설명을 쓴 사람이 없어서 내가 써 보려 한다. 각각 용량이 정해져 있는 플라스틱 통에 쌀을 담거나 다른 통으로 옮기거나 해서 정해진 양을 맞추면 된다. 설명이 조금 생략된 부분이 없지 않아 있지만 그래도 괜찮다. 몰라도 일기를 읽는 데는 아무 문제가 되지 않기 때문이다.

충남 수학 축제는 홍성 축제와 다르게 좀 더 머리를 써야 하는 부스들이 많아서 그때만큼 사람이 모이지는 않아 비교적 한가했다. 그렇다고 해서 일을 하지 않은 것은 아니라서 우리 수학 동아리는 아침에 학교에서 만나서 다 같이 이웃 초등학교 스쿨버스를 타고 갔다.

먼저 부스 운영을 위한 준비물을 세팅하고 장식할 것을 동아리 친구들이 모두 참여해서 직접 만들어 달았다. 참, 부스 운영 하나 하는데 뭐 이리 할 게 많은지. 아, 오히려 적은 건가? 아무튼 수학 축제 개막식에 참여해서 리본 자르기를 보고 다시 돌아와 본격적인 부스 운영을 시작했다.

우리 부스가 체험을 하기에 좋아 보였는지 사람이 꽤 많이 왔는데, 문제는 대부분이 다 어린이와 부모님이 왔다는 것이었다. 홍성 수학 축제의 악몽이 다시 떠올랐다. 그렇다고 운영을 안 할 수 없어서 오는 사람마다 계속 같은 설명을 반복하며 하고 모르면 힌트도 줬다. 좀 재미있나 싶더니 또 그걸 계속하니 피로도가 급격히 올라갔다. 어린아이 손님이 많아서 수준을 가늠하기 힘드니 설명하기가 더 힘들었다. 원래 이런 친절은 나의 성격과는 안 맞지만 뭐, 운영하는 데 그거 안 하면 노는 거지 그게 일인가? 부스 운영 도우미에게 나눠 주는 간식을 먹고 점심도 먹고 계속 참가자들에게 설명하다 보니 시간이 금방금방 흘렀다.

끝나고 나서 장식품을 다시 가져와야 했는데 부스에 나눠 준 꽃들이 처치 곤란이었다. 결국에는 박스에 담아서 내 옆자리에 끼고 왔다. 아, 도우미만 하는데도 이렇게 힘들다고? 난 선생님 하지 말아야지….

10. 29(토) 수학적 경험이 득이 될까? 실이 될까?

수학 탐구 나눔 한마당을 준비하는 여러 선생님 중에 전에 함께 근무했던 교감 선생님을 만났다. 수학 선생님이기도 하셨던 분이라 대회의 이런저런 면을 이야기하게 되었다.

이런 대회를 준비할 때 대상을 어디에 두어야 할까…. 지금 준비된 부스는 약간 어려운 내용이 많다. 고등학생들의 부스는 특히 그렇다. 홍성군 수학 축제와 비교해 보면 확실하게 차이가 난다. 홍성군 수학 축제는 유치원 다니는 정도의 미취학 아동들도 해 볼 수 있는 수학 체험이 많았다. 오히려 사람이 너무 많이 와서 준비한 상품이 모자라 마감 시간을 앞당겼다. 참여한 연령대를 보면 대부분 부모의 손에 이끌려 본인의 의지와 상관없이 체험에 참여하게 된 아이들이 대부분이다. 정작 수학적 원리를 이해하고 흥미를 느껴야 할 중학생들은 거의 오지 않는다. 친구를 보러 온 소수 아이들을 제외하고….

충남 수학 축제는 위치도 조금 외진 데다 내용이 어려운 것이 꽤나 있어서 더 참여자가 적은 것 같다. 교감 선생님과 이런저런 이야기를 나누며 너무 일찍 강제로 이런 체험에 참여한 아이들이 후에 잘 이해하지는 못하면서도 해 본 것이라 흥미가 없어지지는 않을까 걱정된다는 걱정으로 좋은 방법을 찾아야 할 것이라는 과제를 서로 나누었다.

11월 함께 쓰는
수학 일기

11. 1(수) 우리 반 친구들의 문제점

요즘 선생님에 따라 수업 시간에 떠들거나 자고 또는 제대로 수업에 참여하는 친구들이 꽤 있다. 이런 상황을 고려해서 담임 선생님께서는 '수업 태도 점검표'를 만드셔서, 그것을 받은 아이들은 수업이 끝난 뒤 그 시간의 선생님께 사인을 받게 했다.

그런 형식이 효과가 있어서 수업 시간에 좀 자제하려는 태도가 보이기는 하다. 문제는 점검표를 받고 나서 시간이 끝나면 효과는 거기까지였다. 점검표 말고 다른 방법이 필요한 것 같은데, 특정 학생이나 선생님이 감시하기에는 수업 시간에 방해가 될 것 같다.

내 개인적인 생각으로는 수업 시간에 아이들을 감시하는 녹음이 가능한 CCTV를 설치했으면 좋겠다. 수업 시간에 자는 아이들, 떠드는 아이들, 무단으로 늦는 아이들을 통제하려는 방법이다. 사생활 침해라는 의견이 있더라도 학급에 도난 및 크고 작은 일들이 늘어서 설치를 하는 것이 효율적이라고 생각된다. 물론 설치를 하고, 다시 잠잠해진다면 제거를 하는 게 좋을 것 같다.

이런 것보다 학생들이 스스로 잘하려는 마음을 갖게 해 주는 것이 우선이다. 어떻게 하면 우리 반 모두 잘할 수 있을까?

함께 쓰는 수학 일기

11. 2(목) 나를 찾는 수업 시간

하루 종일 딱딱한 의자에 앉아 7교시의 수업을 견뎌 내는 것이 생각해 보면 힘든 일이다. 그것을 견디기 힘들어 농담도 하고, 장난도 하고, 떠들기도 하는 것이 한편으로는 이해가 된다. 그러나 종일 얌전히 앉아 있는 학생들이 약 80%이다.

시간을 버텨 내느라 장난치거나 떠드는 것은 이해한다. 그러나 친구들 이름을 거론하거나 심지어 부모님까지 들먹여 비하하는 것을 놀이로 하는 학생이 있다. 그런 모습이 수업 중에 보여서, 인생 중에 가장 아름답고 젊음의 아까운 시간에 학교에 왔으니, 다른 친구를 둘러보며 비판하는 데 시간을 쓰지 말고 '나'를 찾는 시간이 되자고 이야기했다. 다른 사람을 보고 이야기하기보다는 초점을 나로 향하게 하자고 했다. 행복한 길을 걸어갈 '나'의 생각에 대해 서로 이야기하며 살아가자고 강하게 어필했다.

수학 시험을 봐도 맞힌 문제에 대해 기뻐하기보다는 틀린 문제에 집착하는 등, 우리는 단점에 반응하도록 훈련받고 있는 것이 아닌지 생각된다. 학교 다니며 수학 문제를 푸는 능력을 기르기보다, 상대방에게 있는 10가지 중에서 1가지가 장점이더라도 그 장점을 찾아 표현하는 습관을 기르는 것이 훨씬 뛰어난 능력이라고 생각한다.

11. 2(목) 수학이랑 그림이 무슨 관련일까?

대각선의 개수 구하는 공식이라고 외웠었다. 개념을 익히기 위해 사각형, 오각형, 육각형, 칠각형…에 대각선을 실제로 그려 보며 개수를 세었더니 공식이 만들어진 이유를 알게 되었다. 구태여 공식을 잊어버려도 그림으로 이해하면 해결할 수 있을 것 같다.

대각선 개수 구하는 원리를 활용하여 도전 문제를 4개 주셨다. 그중에 한 문제가 '한 외각의 크기가 40°인 정다각형의 대각선의 총 개수를 구하시오'이다. 지난 시간까지 배운 외각의 합, 내각의 합, 삼각형의 개수 등과 연결 지어 과제를 그림을 그려서 이해하니 다각형에서 배운 것이 전체가 정리되고 이해되었다. 나중까지도 대각선 개수를 구할 수 있고, 헷갈리지 않을 것 같다.

11. 4(금) 뮤지컬 내용이 머리에 맴돈다

뮤지컬 '마틸다'를 관람했다. 학교를 배경으로 해서 생각이 많았다. 강압적인 교장과 마음만 있지, 실천을 못 하는 교사의 모습을 보았다.

나도 '이것이 옳은 길인데'라고 확신처럼 느끼면서도 말하지 못하고 주저하는 때가 많은데, 그냥 교사라는 이름으로 교과 수업만 하며 사회 변화를 이끌지 못하고 사는 것은 아닌지.

어린 학생들이 그 길고 많은 대사를 외우고, 실감 나게 감정 표현을 하고, 엄청나게 빠른 동작의 안무를 너무나 정확하고 어른처럼 잘 해내는 것이 충격적이기도 했다. 무대에 오르기 전에 얼마나 많은 연습을 했을까 하는 생각에 마음이 무겁기도 했다.

가장 인상적인 장면은 어른들이 그네를 타고 객석까지 날아드는 모습이었다. 넘지 못할 것 같은 경계선을 휘~익 넘어서 자유롭게 날아올랐다. 나도 같이 날았다~

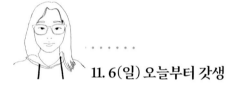

11. 6(일) 오늘부터 갓생

시험이 38일 남았는데 뭔가 갓생을 살면서 시험 준비를 하고 싶었다. 그래서 메모에 목표와 오늘 할 일을 적고 매일 한 일이나 공부한 것을 일기에 쓰고 싶었다. 공부와 관련된 책이나 영상을 보면 학습 일기를 써 보라고 해서 학습 일기와 오늘 있었던 일을 정리하는 일상 일기를 나누어 쓰기로 했다.

원래 첫날은 잘하는 거다. 이렇게 갓생 사는 게 며칠 만에 끝날지는 예상이 가지만 그래도 갓생을 시작한다!

11. 7(월) 이거 엄청 어려운 거야

오늘부터 원과 부채꼴 단원을 공부한다고 했더니 "이거 엄청 어려운 거야"라며 친구에게 말하는 소리가 들렸다. 사교육에서 선행 학습을 했는데, 개념을 충분히 익히기 전에 난이도가 높은 문제를 풀어서 어렵다는 최면에 걸려 있음이 느껴졌다. 선행 학습의 단점 중 하나가 어렵다는 생각으로 출발하니, 아무리 쉬운 내용도 미리 겁먹고 있어서 이해의 문이 닫혀 있다는 것이다.

너무 재미있고, 쉽다는 최면에 걸려서 수업을 들으면 어려운 문제도 척척 풀리는 나의 학창 시절 경험을 이야기해 주었다. '수학이 어려워'라는 말을 듣는 것만으로도 학생들은 최면에 걸리게 된다.

. . . .

11. 8(화) 영원히 사는 것도 행복일까?

'오백 년째 열다섯'이라는 책을 읽었다. 만약 오백 년째 열다섯으로 살고 있다면 어떤 느낌일까? 오백 년 동안 얻은 삶의 지혜와 지식도 있겠지만 사람을 믿지 못하게 되고, "과연 그 오랜 시간 동안 행복할까? 지루하지 않을까? 계속해서 공부를 할 수 있을까?" 하는 다양한 생각이 들었다.

그래도 새로운 삶을 살 때마다 새로운 인연들을 만날 수 있다는 점도 존재한다. 생각에 따라 축복인지, 저주인지 달라질 것이니 '축복'처럼 느끼며 살 수 있었으면 한다.

11. 8(화) 원주율이 무엇일까?

초등학교에서 이미 배웠고, 원주율을 많이 들었고, 3월 14일에는 파이(π) 값을 외우기도 했으나 학생들에게 "원주율이 무엇이냐?"고 물었더니 '파이요', '3.14'라고만 대답할 뿐, 의미를 이해하고 있지 않다. 원둘레의 지름에 대한 비율인데, 왜 그렇게 어려울까?

심지어 원의 둘레를 지름에 π배만 하면 되는 간단한 사실을 공식으로 '2πr?, πr²?'을 되뇌며 헷갈리고 있다. 공식을 잊어버리기도 하고, 넓이인지 원주의 길이 공식인지 연결시키지 못하면서도 구태여 공식을 자꾸 떠올리는 것이 안타깝다.

공식을 외우지 말라고 계속 강조하는데, 너무 공식에 젖어 있다. 그래서 원을 잘라서 직사각형이 만들어진 원리를 이해하여 넓이를 구하게 하고, π값이 만들어진 원리를 자세히 설명했다. 다양한 방식으로 원리를 이해하고, 여러 가지 방법으로 해결하는 수업에 대해 요즘 더욱 고민하고 있다.

11. 14 (월) 지혜로운 교사의 역할

수석실에 혼자 있지만 수시로 찾아오는 학생들이 있어서 반갑다. B와 Y는 등교하면 제일 먼저 수석실의 문을 두드리고 꾸벅 인사한다. 집에 갈 때도 "안녕히 계세요." 인사하고 간다. 쉬는 시간이나 점심시간에도 학생들이 와서 보드게임이나 오목을 두는 등 시끌시끌한 것이 나는 즐겁다.

오늘은 D가 와서 "지난 토요일에 남친과 헤어졌어요."라며 한참 이야기를 했는데, 오후 시간에는 B가 와서 "샘, 사랑 고백을 받으면 어떻게 해야 하나요?" 한다.

학생으로서 공부만 신경 쓰고 있는 것이 아니라, 다른 부분이 공부보다 더 마음을 흔들고 있는 중학생 시기다. 이 복잡한 시기를 건너가는 중학생들의 고민에 그 마음을 토닥토닥 끌어안아 주는 상담을 잘해서, 아름다운 성인으로 성장시키는 지혜로운 교사의 역할에 대해 더욱 고민한 하루였다.

11. 14 (월) 피타고라스 님
너무 쉽게 배워서 미안합니다

피타고라스 님은 수학적 원리나 과학적 이론을 자기 스스로 찾아냈는데, 나는 그러한 공식을 '암기'나 선생님들이 가르쳐 주는 것으로 쉽게 알게 되니, 그들이 소비한 시간이나 그러한 노력을 날로 먹는 게 아닐까?

수학자의 숭고한 노력으로 일궈 낸 업적을 너무 쉽게 알게 된 것이 좀 미안하다는 생각이 든다. 현재 내가 알고 있는 것보다 훨씬 더 많은 이론을 많은 시간과 노력과 에너지를 들였을 텐데, 난 그냥 수업 시간에 설명을 들어서 금방 익히는 것은 그분들께 너무 아깝고 이래도 괜찮은 것일까?

그들의 노고가 아깝다는 생각이 든다. 광산에 쓰라는 다이너마이트를 전쟁에 쓰는 걸 본 노벨 같은 심정이기도 하고,

'내가 좀 더 힘들게 배워야 하는 것이 정당한 게 아닌가?'라는 생각이 든다.

11. 14 (월) 중요하지만 무서운 그게 뭔데?

중요하지만 무서운 것은 습관이다. 나는 요즘 두 가지 습관을 들이고 있다. 하나는 아침에 일어나서 물 한 컵 마시는 것이고, 다른 하나는 집에 오자마자 씻는 것이다.

처음에는 실천하는 것이 어려웠지만, 요즘에는 적응되어서 빠르게 습관이 되는 것을 보니 습관은 정말 무섭다. 좋은 습관은 좋지, 안 좋은 습관이 악영향을 끼칠 수 있기 때문이다.

11. 17(목) 작가와의 만남과 비경쟁 토론

수능으로 재량 휴업이지만 학교에서 그림책 작가인 김지연 님과 '작가와의 만남'이 있었다. 그림책은 글보다 그림을 먼저 살펴보고, 그림을 잘 들여다보면 작가의 숨은 뜻과 작가가 하고 싶은 말이 있고, 그림책에 글이 없으면 없을수록 잘 만들어진 책이고, 만약 조금 글이 많이 들어갔다면 '미안해요. 표현이 잘 안 돼요.'라는 뜻이라고 작가님이 친절하고 자세한 설명을 해 주셨다.

작가님의 그림책을 읽고 '비경쟁 토론'을 했다. 기존의 토론은 찬/반으로 나누었다면, 비경쟁 토론은 질문을 만드는 것이었다.

규칙 중에 꼭 책과 관련된 질문이 아니어도 된다는 규칙이 왜 있는지 생각되었다. 발표 시간에 작가의 의도를 완전히 파악한 질문, 책과 관련한 질문, 책과 관련 없는 질문을 접하고 규칙을 이해하게 되었다. 꼭 책의 내용이 아니더라도, 학생들과 책에 관해 얘기하다가 내용 중 공통점, 처음 보는 어색함, 학생이라는 여러 키워드가 겹치면서, 다양한 의견과 생각이 나오고 그게 찬반 토론보다 진짜 토론이라고 느꼈다.

작가, 친구, 선배들의 의견과 생각을 들을 수 있는 뜻깊은 시간이었다.

함께 쓰는 수학 일기

11. 18 (금) 계산기를 사용하여 수업하고 시험 보는 것에 대한 찬반 토론

　창체 동아리 활동으로 수학 독서 토론반은 두 가지 주제로 토론을 했다. 첫 번째는 톨스토이의 소설 '사람에게는 얼마만큼의 땅이 필요한가?'를 읽고 수학적으로 이동했을 때 가장 넓은 도형에 관하여 토론을 했다. 이어서 24m가 주어졌을 때 정삼각형, 정사각형, 정육각형, 원의 넓이를 구하는 토론을 했다.

　내가 주인공 파콤이라면 어떻게 할지 토론으로 나온 이야기 중에 너무 힘들게 땅을 차지하지 않고, 내가 농사지을 만큼 조금만 차지하겠다는 의견이 여럿이었다. 최선을 다하기는 하지만 욕심을 부리지 않는 삶에 관해서 이야기를 나눴다.

　학생 때 이런 대화로 생각하고 자기 언어로 표현해 보는 것도 어떻게 살아갈 것인가에 대한 생각이 스며들게 되리라 기대해 본다.

　내가 더 많이 갖게 되므로 행복할 것으로 생각하면서 달려가는데, 내가 받는 것보다 다른 사람에게 기부함으로써 더 큰 행복을 경험했다는 사람들 이야기를 들려주었다. '어떻게 사는 것이 가치 있는 삶일까?'에 대해서 이야기를 하는 시간이 되었다.

　두 번째는 찬반 토론으로 5명씩 팀을 정해서 3학년이 사회자가 되고, 찬성과 반대의 입론, 이어서 반론 2명씩으로 해서 진행했다. 주제는 계산기를 사용하는 수업과 시험에 대한 것인데, 학생들의 생각을 들여다보는 좋은 시간이었다.

계산기를 쓰면 실수하지 않으니, 수학을 좋아하게 된다는 학생들이 여러 명이 강하게 찬성을 표했다. 계산을 실수하지 않는 것도 실력이라서 계산기를 쓰는 것을 반대한다고 했다. 자신은 반대하는데, 임의로 찬반의 역할을 배정했더니 '찬성'하는 입장에서 반론해야 하는 학생이 "머리가 터질 것 같다"라고 해서 학생들의 웃음보가 터졌다.

찬성하는 의견으로 수학은 논리적인 생각을 하는 과목이라서 계산하는 것만으로 수학적인 논리를 이해할 수 없다고 했다. 대부분 학생이 수학은 계산하고 문제를 푸는 것으로 생각하고 있는데, 수학적 마인드가 기특한 몇몇 학생들 발언으로 수학 학습에 관한 생각할 거리를 던져 주는 시간이었다.

11. 19(토) 11월 주말 수학 캠프

주말 캠프 할 때 친한 친구들이 모여서 모둠을 만들기도 했지만 오늘 캠프는 등교한 순서대로 4명씩 무학년으로 섞어서 팀을 정했다. 먼저 모둠원끼리 자기소개하는 시간을 가졌다. 낯설고 익숙하지 않은 친구나 선후배와 대화하고 협력하는 인성적인 경험에 의미를 두었다.

수학 시계를 만드는 활동이라서 사전 준비로 9를 네 번 사용하거나, 4를 네 번, 2를 네 번 사용해서 연산을 만든 결과가 시계의

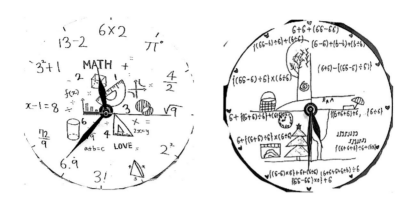

숫자 1, 2, 3, 4, 5, 6, 7, 8, 9, 10, 11, 12를 만드는 연습을 했다. 각자 연산을 만들고, 모둠끼리 협력해서 완성하는 활동을 했다.

나무 원판에 시간을 나타내는 숫자를 자신만의 연산식으로 표시하고, 예쁘게 그림을 그려 넣었다. 무브먼트와 초침, 분침, 시침을 연결하여 세상에 하나밖에 없는 나만의 수학 시계를 만들어서 교실 전면에 전시하고 기념 촬영을 하였다.

두 번째 미션은 하트 퍼즐 조립이었는데, 두 겹으로 된 퍼즐이라 지난번 하트 퍼즐보다 난이도가 높아서 조립을 못 하고 헤매었다. 교사가 방법을 알려 주는 것보다 스스로 과제를 해결하도록 계속 기다렸다. 드디어 최산이 제일 먼저 성공의 함성을 질렀고, 뒤이어 계속 환호성과 함께 다양한 모양의 하트 퍼즐이 완성되었다.

3주 뒤에 2회 지필 고사라서 캠프 참석자가 줄어서 좀 아쉬웠다. 많은 부분을 포기하고 오로지 정기 고사에 매달리게 하는 분위기가 안타깝다.

11. 21(월) 수학 퀴즈에 도전하는 아이들~

교내 게시판에 여러 종류의 안내문이 가득 붙었다. 너무 많은 게시물이 늘 있으니 전혀 안 보는 학생들이 많고, 뭔가 새로운 것이 게시되면 꼼꼼히 보는 학생들도 있다.

3월부터 2~3주마다 한 번씩 [도전! 수학 퀴즈]를 각 학년별로 게시판 네 곳에 게시하였고, 오늘이 12차 퀴즈의 답안 제출 마지막 날이라서 정답 응모 우편함을 열었다. 15명의 학생이 답안을 제출했고, 모두 정답이었다.

정답자 학생들의 이름을 그동안 기록한 '명예의 전당'에 이어서 작성했다. 3종류(명예의 전당, 지난 12차 퀴즈 정답, 다음 13차 퀴즈)를 3장씩 출력하여 학년별 게시판에 붙었다.

도전 수학 퀴즈 문제에 대해 여러 명이 모여서 진지하게 토론하는 소리가 수석실까지 들려오면, 열심히 문제 만들어서 올린 것에 보람을 느낀다.

모든 학생이 수학을 좋아하는 것은 아니지만, 수학으로 학생들이 대화하고 생각하고 도전하는 환경을 만들어 주려고 오늘도 나는 도전 문제를 찾고, 만들고, 게시하고 있다.

11. 22(화) 수업 중 울려 퍼진 비명 소리

상대도수 구하기 개념 설명을 하고, 활동지를 배부하여 '씨앗' 단계의 기초 문제만 풀어 주었다. 나머지는 '함께 배움' 방법으로 마음대로 자리를 이동해서 친구들과 같이 해결하도록 했다. 수준별 문항의 단계를 '새싹, 쑥쑥, 꽃, 열매'로 하여 풀게 하고, 단계별로 정 오답을 체크하고 사인해 줄 학생을 희망에 따라 지명하였다.

자유롭게 자리 이동하여 삼삼오오 묻고 배우고 있어서, 나는 학습 속도가 느린 k 옆에 의자를 끌어다 놓고 앉았다. k의 학습 이해도에 맞춰 설명하고, 지켜보면서 오류를 일으키는 부분을 피드백하니 확실하게 이해한다. 활동 중 갑자기 비명이 들린다. 장난치고 노는 소린가 해서 "서로 공부하기 위해서 자리 이동하는 거다."라고 주의를 환기하였다. 3명의 여학생이 같이 모여서 문제를 풀었고, 정답과 오답을 체크하는 친구에게 자신들이 푼 답을 확인해 보니 맞았다는 감격의 환호성으로 비명을 지른 것이었다. 어려워서 셋이 상의해서 겨우 푼 문제였는데 맞았다는 기쁨이었다.

처음부터 교사가 자세히 설명했으면 이해 못 했을 수도 있고, 알게 되었다고 해서 즐거웠을까? 거의 못 풀 것같이 어려운데, 상의하며 풀어서 답이 맞은 것에 저토록 기뻤다니!

하마터면 내가 그 학생들의 기쁨을 빼앗을 뻔했다.

11. 22(화) 상대 도수? 그리고 설명까지?

문제를 풀 때 식을 쓰지 않고 암산으로 풀려고 하니 헷갈렸었는데, 식을 쓰면서 하니 문제 상황이 더 이해가 잘되고 알게 되었다. 계급의 상대 도수는 (각 계급의 도수)/(도수의 총합)이고, 학생 수를 구하려면 (상대 도수)×(총합)이라는 것과 상대 도수의 합은 항상 1이라는 것을 알게 되었다.

잘 모르는 것은 다른 친구들이 도움을 주었는데, 나도 부족한 부분을 채워서 다른 친구들에게 도움을 주는 사람이 되고 싶다는 생각이 들었다. 특히 친구들 앞에서 〈꽃〉 단계의 6번 문제를 내가 풀고 설명했는데, 친구들이 잘 이해한 것 같아 뿌듯했다.

11. 23(수) 그런 걸 어떻게 말해요?

통계에 관한 교과서 내용이 끝나서 통계 영상(나이팅게일의 장미 그래프, 통계의 가치)을 보고 생각을 쓰는 수업을 했다.

나: 영상을 본 소감이 어떤가요?

학생: 대단해요!

나: 무엇이 대단한가요?

학생: 통계를 사용한 것이 대단해요.

함께 쓰는 수학 일기

나: 통계를 사용한 어떤 것이 대단한가요?

학생: 그런 걸 어떻게 말해요?

구체적으로 표현을 못 한다. 수학이 어렵다고 하지만, 상황을 표현하지 못하고, 그 영향으로 이해하지 못하는 것이다.

그래서 수업 종료 시 형성 평가로 오늘 학습한 것을 문제로 풀어서 확인하는 것도 단원에 따라서 의미가 있지만, 자신의 수업에 대하여 스스로 성찰하게 하는 것이 진짜 배움이 더 일어난다고 생각한다. 상황을 표현하고 이해한 것을 글로 쓰거나 친구들과 말로 이야기하며 공유하는 시간을 확보할 필요에 대해 더 생각하게 되었다.

11. 23(수) 올바른 자료를 사용한 통계

통계를 통해 많은 정보를 알게 되고, 사회 현상을 관찰하게 되어 통계가 유용하고 좋은 것인 줄 알았었다. 그런데 내 생각을 바꾸게 한 영상을 보았다.

그래서 통계가 옳지 않은, 잘못된, 이상한 통계가 나온다는 것을 알게 되었고, 통계를 할 때는 올바른 자료를 사용해야겠다는 생각이 들었다. 앞으로 통계를 볼 때도 올바른 자료가 사용되었는지를 관찰해야겠다고 생각했다.

11. 23 (수) 경험이 호기심을 자극하고 질문을 던진다

몇 년 동안 수행 평가로 통계 포스터 만들기를 실시하고 있다. 통계 자료를 얻기 위해 먼저 개별로 궁금한 질문을 제출하고, 모아서 학급 공통 질문을 구글 설문지로 올려서 전체 학생들이 응답한다.

이번 해에 질문을 정리하면서 조금 달라지는 양상을 발견하였다. 재작년엔 기본적인 호구 조사와 같은 것들(키, 몸무게, 참여하는 시간, 좋아하는 것 등등) 대부분이었다. 작년에는 이성과 관련한 질문이 많았다. 사귄 횟수, 키스나 뽀뽀 경험이 많았다.

올해는 진지한 질문이 많은 것이 특이했다. 중국에 대한 감정, 제일 싫어하는 행동 유형, 좋아하는 행동 유형 등등이 많았다. 코로나로 인해 제한되고 배려하는 행동이 필수가 되는 환경에 살다 보니 그것이 더 큰 논쟁거리가 되었나 싶다.

순수함보다 성숙함이 더 묻어나는 질문이 마냥 좋게 느껴지기보다 안타까운 마음이 앞선다.

　　　　　　　　　　　　　　　함께 쓰는 수학 일기

11. 24 (목) 심리학자들의 통계에 대한 걱정

학자들이 동물이나 사람 대상 실험을 하고 그 결과로 인간의 심리에 대해 발표하는 것을 매우 의미 있게 생각했었다.

요즘 읽은 책에도 다른 사람의 지식과 선호도를 예측하고 행동을 추론할 수 있는 능력을 '마음 이론'으로 실험하여 인간이나 개, 침팬지의 속성을 제시하였고, 사고의 측정은 미인대회 게임을 소개하기도 했다.

그러나 실험으로 인간의 속성을 단정 지어도 되는지, 지구 인구의 0.1%도 안 되는 대상에게 일정 시기에 실험한 결과로 인간을 판단하는 것이 의미가 있을지 의문이 생겼다. 자신의 목적에 맞춰 전혀 다른 통계가 나올 수 있기 때문이다.

동물을 대상으로 한 실험이나 사회적 지능을 알아보기 위한 죄수 딜레마 실험 등이 통계 전문가가 공정한 분석을 해서 나온 데이터인지 의문이 들었다. 원하는 방향으로 나온 결과만으로 논리를 펼친 것은 아닐까?

11. 24 (목) 친구랑 토론하며 함께 배움

통계 중단원 마무리를 준영이와 동진이랑 토론하면서 함께 풀었다. 난이도가 있는 문제라서 요구 조건을 파악해야 하고, 도수와 상대 도수의 개념을 정확하게 이해해야 가능했다. 여러 상황을 복합 시킨 고난이도 미션의 해결도 쉬워졌다.

11. 25(금) 어떻게 통계를 내는 게 좋을까?

수학 시간에 콩쿠르 대회에서 11명의 심사위원이 점수를 준 집계표를 나눠 주시면서, 심사위원마다 주관이 달라서 등수를 어떻게 선정하는지를 질문하셨다. 당연히 총점을 내서 우수한 순서라고 생각했는데, 점수를 보면서 상위 점수를 받은 사람이 달라서 그것을 고려한 방식을 생각해 보라고 하셨다.

그래서 참가자가 받은 점수 중 상위 3개, 하위 3개를 지우고 가운데 5명 것만으로 총점을 계산하는 방식을 알게 되었다. 의미 있는 통계 방법에 대하여 생각하게 되었다.

11. 25(금) 표현보다 문제 풀이가 더 익숙해

통계 단원에 대한 문제를 8개 주고 각자 풀다가, '함께 배움' 방식으로 자리 이동해서 친구들과 풀게 하였다. 생각을 써 보라는 수업보다는 문제를 풀라고 하는 것에 학생들이 더 몰입하는 것이

함께 쓰는 수학 일기

느껴진다. 문제 푸는 것이 더 익숙한 탓일까?

여기저기 모여서 문제에 대한 토의하는 모습이 아주 진지해서 바라보는 마음이 흐뭇했다. 수업을 마치고 나오는데 아직도 칠판으로 나와서 문제를 토의하며 끝까지 풀이에 매달리는 기특한 모습이 보였다. 수학을 좋아하며 성장하기를 기도했다.

학습지에 쓴 수업 성찰 중에 '재미있었다'가 여럿 있었다. 무엇이 재미있는지 표현하지 못하고 있지만, 마음은 읽어졌다. '자지 말자. 자면 공부가 어려워진다.'라는 수업 성찰 일기를 보고 혼자 웃었다. 자주 졸음을 참던 학생인데, 그렇게 성찰했으니 점점 잘하리라 기대된다.

11. 25(금) 친구 선생님을 한 경험

수학 수업 시간에 선생님께서 k의 학습을 도와주면 좋겠다고 해서 가르쳐 주었다. 그러다 보니 계속 k에게 문제를 알려 주고 옆에서 도와주게 되었다. 그 친구가 계속 도움을 청하니 계속 도와주게 되었다. 점점 나도 열정적으로 더 알려 주고 싶은 마음이 생겼다.

수학 시간마다 붙어서 열심히 하니 그 친구가 혼자서 문제를 풀게 되고, 잘하는 것을 보니 너무 기분이 좋고 뿌듯했다. 내 도움으로 누군가가 발전하는 것이 정말 뜻깊은 경험이다.

선생님들은 가르친 학생들이 발전하고 더 멋진 삶을 살아가는 것을 보시면 나보다 더 벅찬 감정들을 느끼실 것 같다.

또한 누군가에게 나누고 베푸는 삶을 살아가는 것은 참 행복하다는 것을 이번 친구 선생님을 해 보고 깨닫게 되었다.

11. 28 (월) '국가통계포털' 탐구 보고서 작성

교육 과정에 제시된 통계에 대한 학습을 마치고, 통계를 실생활에 접해 보기 위해 컴퓨터실에서 국가통계포털에 접속해서 '세계 속의 한국' 자료에 대하여 집중적으로 탐구해 보고, 자신의 관심도에 따라 간단한 보고서를 작성하게 했다. 통계로 우리나라에 대한 객관적인 사실에 대해 고민해 보며 어떻게 살아가야 할지 생각해 보는 것이 목표였다.

몇몇 학생들은 유튜브 등 다른 사이트로 접속하여 컴퓨터실에 온 목표에 어긋난 태도를 보여서 아쉬웠지만, 대부분 학생이 자료를 탐색하며 우리나라의 위상에 대해 생각해 보는 시간을 가졌다. 통계를 배웠으면 그런 사이트가 있다는 것을 알고, 원하는 자료가 있을 때 접속해서 분석하고 관찰해 보는 경험에 의미를 두었다.

국가통계포털 자료 중에서 관심 있는 통계를 간단한 보고서를 작성하도록 안내했다. 보고서 양식을 USB 5개에 담아서 돌려 가며 사용하라고 했는데, 아직도 USB 자료를 어떻게 받는지, 내 자료를 USB에 담는지 모르는 학생들이 반마다 여러 명 있었다. 정보 시간에 코딩을 가르치며 미래 사회에 대응하는 학습을 하는 상황인데, 그 학생들은 얼마나 힘들었을까…. 수학 교과보다 정보 학습력의 차이가 더 크게 느껴졌다.

11. 29(화) 세계 속의 한국을 보다

수학 시간에 컴퓨터실에서 '세계 속의 한국'을 들여다보게 되었다. 인구, 고용·경제, 보건·복지, 사회·문화, 무역·금융, 국토·환경, 국제 비교 지표의 7종이 있는데, 나는 우리나라의 국토와 환경을 좀 더 깊이 탐구해 보고 싶어서 탐구 보고서를 작성했다.

나라별 농경지, 재생 에너지, 온실 가스 배출량, 도시 폐기물 배출량을 나라별로 비교해 보았다. 우리나라는 국토와 비교해 온실 가스 배출량이 많은 것을 알게 되어서 환경 보존에 더 관심 가지고 실천해야 함을 느꼈다. 가정, 학교, 정부 기관, 소규모 사업장 등에서 수집하는 도시 폐기물이 독일이 우리의 2.4배가 되는 것을 보고, 독일이 쓰레기 발생량이 많다는 의미라고 생각되었다. 우리가 오히려 쓰레기를 덜 발생시키며 자연을 지키고 있다는 생각이 들어서 '도시 폐기물'에 대해 자료를 검색해 보았더니, 에너지로 재활용되는 자원 순환과 관련이 있었다. 오히려 우리나라가 재활용하는 폐기물이 적다는 것을 알게 되었다.

통계 자료를 검색하고 보고서를 작성하면서 우리나라를 들여다보게 되어 환경 보존을 실천해야겠다고 생각하게 되었다.

11. 29 (화) 통계 포스터 설문 만들기

서로 다른 가정과 학교에서 자라서, 중학교에서 같은 반이 되어 거의 1년을 보낸 학급 친구들과 공감대가 얼마나 형성되었을까? 서로를 알아가고, 서로를 이해하며 공감하는 기회가 되는 학급 통계를 해 보고, 그 결과로 포스터를 만드는 취지를 이야기하고 모둠이 모여서 친구들에게 묻고 싶은 설문 문항을 만들도록 했다.

몇 시에 자는지, 핸드폰을 어느 정도 사용하는지, 학원을 몇 개 다니는지 등 해마다 비슷하다. 3년 전에 러시아에서 온 학생이 '민주주의에 대하여 어떻게 생각하느냐?'는 설문 문항을 만들었던 것을 떠올라서 깊은 생각을 끌어내는 설문 만들기를 권했다. '학교생활 만족도', '집에서 내 방문을 닫고 있는지', '부모님께 소리 지른 적이 있는가?', '학교생활 만족도가 가족 관계에 영향을 주는가?', '내가 잘못했을 때 친구가 어떻게 해 주는 것이 좋은가?' 등 감정적인 것을 설문했다.

11. 30 (수) 깊은 생각을 끌어내는 설문지

통계 자료의 수가 적으면 실제 상황과 다른 결과가 산출될 수

함께 쓰는 수학 일기

있어서 두 개 반 70명 친구들 생각을 통계 분석하기 위해 각 반에서 설문 문항을 만든 것을 모아서 두 반 학생 모두가 응답하기로 했다.

어제 9반에서 나온 설문지를 보여 주며 8반은 기존 설문과 중복되지는 않게 깊은 철학이 깃든 설문을 만들어 보라고 했더니, 이런 새로운 설문이 있었다.

1. 나의 MBTI는?

2. 나의 삶의 철학?(나는 하고 싶은 것이 명확하다. 나는 일정을 계획하며 추진하는 삶을 살고 있다. 나는 내 삶에 기적이 있는 것 같다. 나는 다른 사람의 의견에 쉽게 휘둘리지 않는다. 나는 아끼고 소중히 여기며 사랑하는 것들이 있다.)

3. 당신은 어떤 것이 '정의'라고 생각하는가?(사회적 약자를 도와주는 것, 모든 사람이 하고 싶은 것을 마음대로 할 수 있는 자유, 가치 있는 삶의 질을 추구하는 질적 공리주의, 더 많은 사람이 편안하게 사는 양적 공리주의, 모두 평등할 수 있도록 행동하는 것)

4. 겉모습으로 사람을 판단하는가?

5. 지구 온난화에 대해 어떻게 행동했나요?

6. $1+1=2$라는 것을 설명할 수 있나요?

7. 내가 가장 중요하게 생각하는 가치(3개 선택)

최종 선정된 33개 설문을 구글 설문지로 만들어서 올리기로 했다. 학생들의 응답 결과가 자못 궁금하다.

11. 30(수) 조명기구의 반지름 예측

다리가 아파서 도수 치료와 물리 치료를 받으러 병원에 왔다. 도수 치료를 받고 물리 치료를 받으려고 누웠는데 천장에 있는 원 모양인 조명이 보였다. 저 조명의 반지름 길이는 얼마인지 궁금해졌다.

그래서 조명의 반지름은 얼마인지 예측을 해 봤는데, 약 4~5cm인 것 같았다. 이번 기회에 또 내가 주변에서 볼 수 있는 원 모양인 물건의 반지름의 길이가 얼마인지 예측하기를 해야겠다.

12월 함께 쓰는
수학 일기

12. 1(목) 설문 결과를 보고

　33개의 설문의 응답 결과를 출력해서 교실에 비치하고, 학급 단톡에 올려서 개인 휴대폰으로 열어 볼 수 있도록 했다. 친구들의 상황에 대해 알게 되어 많은 이야기가 오갔다. 물론 교사인 나도 학생들을 이해하는 자료가 되었다.

　▷ '학교생활 만족도'는, 만족 60%, 보통 28%로 높은 편.

　▷ '수업에 대한 집중도'는 51.6%가 집중이 잘된다고 했고, '보통'이라는 것까지 포함하면 89.1%가 집중하고 있었다.

　▷ '가족 관계 만족도'는 불만족 3%, 보통 11%, 만족 87%, 대부분 안정을 느끼고 있었다.

　▷ '어떤 친구가 좋으냐'는 질문에는 내 말을 잘 들어 주는 친구 37.5%, 나를 이해해 주는 친구가 39.1%로 많은 의견이었고, 예쁜 친구 3%, 공부 잘하는 친구 3%로 낮았다.

　▷ '언제 행복한가?'라는 질문에는, 친구랑 놀 때가 가장 많고, 다음은 몰입해서 했던 일이 성취되었을 때라고 했다.

　▷ '어떤 것이 정의라고 생각하느냐'는 가치 있는 삶의 질을 추구하는 것 28.1%, 모두 평등할 수 있도록 행동하는 것 26.6%로 높았고, 더 많은 사람이 편안하게 사는 것이 4.6%로 가장 낮게 나온 것을 보니 무척 생각이 성숙하게 느껴진다.

　▷ 수학을 어떻게 생각하느냐는 설문의 응답 결과(중복 체크)를

　　　　　　　　　　　　함께 쓰는 수학 일기

한참 들여다봤다.

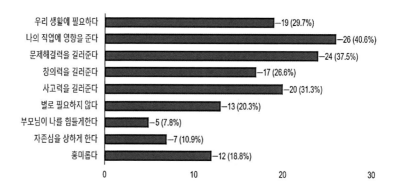

12. 2(금) 통계 포스터 만들기

33개의 설문 중에서 개별적으로 관심 있는 주제를 정해서 A4 규격에 통계 포스터를 제작하기로 했다.

응답 결과 4개를 선택 ⇒ 주제 정하기 ⇒ 인포그래픽으로 디자인 ⇒ 통계 결과에 대한 나만의 분석 의견 쓰기

휴대폰 관련이나 학교생활 만족도를 선정한 학생이 많았고, 주제 정하는 고민을 하는 시간이 길었다. 설문 중에 삶에 철학을 묻는 부분에 대하여 초점을 두고 포스터 제작을 시도하는 학생들의 분석 결과가 사뭇 기대된다. 디자인 면에 소질 있는 학생들의 포스터가 눈에 잘 들어온다.

12. 3(토) 지오밴드로 다빈치 구 조립

다빈치 구나 지오데식 구를 조립하는 소재로 홈이 파인 플라스틱, 나무판과 나사, 포디 프레임을 활용해 왔다. 지오밴드라는 교구를 사용하면 쉽게 조립되고 공처럼 갖고 놀 수 있을 것 같아서 구매했다.

효율적인 체험 방법을 안내하려고 재료를 집에 가져와서 샘플을 만들었다. 학교에서는 다른 일거리로 인해 집중해서 조립해 볼 여유가 없다. 지오밴드 막대는 길이에 따라 색깔이 달라서 2차, 3차 다빈치 구의 특성을 관찰하기에 매우 효과적일 것 같다.

2차, 3차 다빈치 구의 특성을 이해하려면, 지오밴드 막대의 색깔을 고려해서 조립하면 효과적임을 알게 되었다.

12. 5(월) 통계를 인포그래픽으로 나타내다

설문 통계 결과로 포스터 주제는 '나만의 삶의 가치관'으로 정했다. |1. 정의에 관한 생각 2. 겉모습으로 판단 3. 지구 온난화 4. 가치관|의 네 가지에 대하여 분석하고 인포그래픽으로 포스터를 만들었다.

겉모습으로 사람을 판단하는 것은 '매우 그렇다' 3%, '그렇다'

42%였다. 지구 온난화에 대한 것은 '마음은 있으나 실천을 못 하고 있다'가 45%로 가장 많았다. 중요하게 생각하는 가치관은 '존중 42%, 성실 37.5%, 배려 37.5%'로 높았다.

그림으로 표현하기 어려웠지만, 중학생들의 가치관과 마음을 볼 수 있었고, 공감하게 되는 경험이었다.

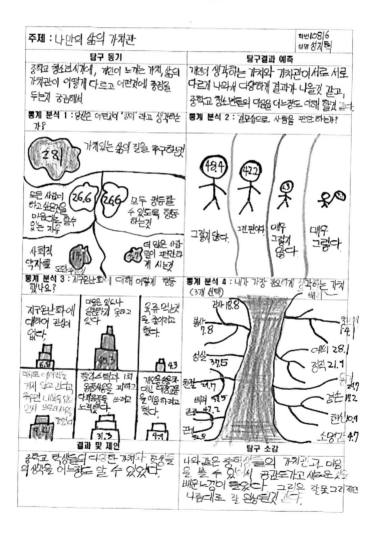

12. 5 (월) 통계 포스터 전시

통계 포스터 완성작을 교실 뒤에 학번 순서로 학급 전체 학생의 것을 전시하였다. 다른 학생의 것을 보면서도 배움과 성장이 있기 때문이다. 나의 것이 전시되어야 다른 학생의 것도 보게 된다는 심리를 알게 되어 모두 전시하는 것이 매우 중요하다.

장미 그래프 아이디어를 냈던 나이팅게일처럼 다른 사람에게 상황을 잘 전달하는 그래프를 창의적으로 제작하도록 안내하였더니 기발하게 제작한 학생들이 많았다.

아직 보고서 쓰는 법이 서툴러서 그래프를 분석한 글을 쓰는 것을 어려워했다. 그래도 그래프를 보고 분석하는 연습을 하게 되고, 설문한 통계를 꼼꼼하게 보면서 친구들을 이해하는 공감의 장이 되었으리라 생각한다.

12. 6 (화) 학생과 1:1 토론

점심시간에 '지능의 탄생' 책을 읽고 있는데, D가 와서 호기심을 보인다. 동물은 생존을 위해서 근육을 키웠는데, 인간은 생존을 위해 근육이 아니라 '지능'을 키웠다는 것을 읽었다며 이야기한다. 중학생이라서 마냥 어리다고 생각하고 있는데, 책을 많이 읽은 학생을 만나서 토론을 하면 내가 생각지도 못했던 더 많은 생각을 하게 된다.

요사이 D를 비롯한 학생들이 수석실에서 계속 형이상학적인 토론을 하고 있다. 어제는 '인간이 결국 독립체인가?'를 가지고 옥신각신하더니~

12. 7(수) 다중 지능 검사 결과

학교 학습 플랜 캠프에서 이전에 내가 했던 자기 주도 학습 결과를 받았다. 결과가 막대그래프로 나왔다.

다중 지능에서 1순위는 '98.4'로 대인 지능이 나왔고, 내 2순위는 '97.6'으로 논리 수학이 나왔다. 인지 스타일에서는 '79.7'로 창의형이 나의 1순위로 나왔다. 대인 지능을 찾아봤더니 다른 사람을 이해하고 다루는 능력으로써, 관계를 관리하고 갈등을 협상하는 전문가라고 한다. 학급에서 반장을 한 것이 나의 대인 지능을 길러 준 것 같다. ㅎㅎ

그래프를 배우지 않을 때는 결과가 왜 막대그래프로 나오는지 궁금했다. 하지만 그래프를 배운 후에는 그래프마다 모두 다르게 사용된다는 것을 알았다. 막대그래프 대신 무슨 그래프로도 쓸 수 있을지 생각해 봐야겠다.

12. 7 (수) 무게 중심 응용은 너무 어려워

시험 기간인데 독감에 걸려서 등교를 못 하고 집안에만 있게 되어 시험 공부를 했다. 오늘은 수학 공부를 했는데, 도형의 닮음부터 확률까지 개념을 다시 정리하고 많이 틀렸던 오답 문제를 다시 풀고 체크하며 공부를 했다.

옛날에는 잘했었는데 닮음의 응용이 어려워서 뭐가 뭔지 모르겠다. 특히 무게 중심을 이용해서 푸는 게 어려웠다. 처음 문제를 볼 때 '내가 이런 걸 배웠고 푼 적이 있었나?'라는 생각도 들고, 풀고 나서 다시 문제를 푸는데 모르겠으니까 답답하기도 하고, '내가 이렇게 머리가 안 돌아가나'라는 생각도 들었다.

그래도 계속 틀린 문제를 정리하고 풀며 공부를 계속했다. 신기한 것은 시험 기간에는 뭘 해도 재미있다! 책을 읽어도, 일기를 써도, 보드게임을 해도 다 재미있다.

12. 8 (목) 지오픽스로 델타다면체 조립

지오픽스로 정삼각형만 100개 정도씩 모둠(4명)에 나눠 주고 조립하도록 했다. 학습지에는 정삼각형 4개, 6개, 8개, 10개, 12개, 14개, 16개, 20개로 조립하도록 안내했다. 장난감을 갖고 노는 듯 신나서 여러 가지 모양을 조립하였다. 4명이 8종을 조립하는 거라 개인별 2개씩 조립하자고 상의하고 시작하지만 공간 감각이 있는 학생이 여러 개를 조립하고, 서로 보여 주고 관찰하게 되었다. 정삼각형 6개를 연결하여 평면을 만드는 학생들이 있어서, 볼록 다면체만 조립해야 함을 안내했다. 시간이 지나면 대부분 조립하는데 가장 늦게까지 만들지 못하는 것이 14면체로써, 두 모둠에서만 성공하였다.

입체 도형을 관찰해서 정다면체의 특징을 발견하게 하고, 다면체에서 모서리 개수를 쉽게 세는 방법까지 배울 수 있는 활동이었다. 한 차시당 45분으로는 너무 바빠서 수업 성찰은 다음 시간으로 넘겼다.

12. 8(목) 항상 삶 가까이에 있는 수학

벌써 중2 수학 마지막 단원 확률이다. 우리 생활에서 야구 선수의 타율, 비가 내릴 확률 등에 쓰이고 있다.

윷놀이를 할 때 '개'가 많이 나오고, '모'나 '윷'이 잘 나오지 않았던 이유도 확률로 보니 이해가 되었다. 로또에 당첨될 확률은 $\frac{1}{8145060}$이라서 이론적으로 보면 16만 년 동안 계속 로또를 사야 한다니, 엄두가 안 난다.

12. 9(금) 수학 토론 동아리 활동

전 학년이 모두 섞여 있는 창체 동아리 활동으로 '수학이 미래 변화를 이끈다'라는 것에 대해 회전목마 토론을 했다. 학생 수가 홀수여서 내가 같이해야 짝이 맞았다. 함께 돌면서 학생들과 이야기를 했다.

학생들의 이야기를 들어 보니 과학이 발전되는 것이 미래의 변화라고 생각하고, 그런 과학의 발달을 위해 수학이 사용될 것이라는 의미로 받아들이고 있었다.

책으로 읽고 토론하기에는 시간이 부족해서, 박형주 교수님의 '배우고 생각하고 연결하고'를 강연하는 동영상 일부만 보여 주고 다시 회전목마 토론을 했더니, 과학의 발달이 아니라 수학 자체로 미래 변화를 이끈다는 것에 동의하는 이야기가 오갔다. 동영상을 보고 학생들의 생각이 처음 토론할 때와 바뀌는 것이 매우 반가웠다. 수학에 관한 생각이 바뀌면, 학습을 어떻게 해야 하는지에 대한 변화가 뒤따르게 되리라 확신한다.

두 번째는 [보드게임]이 수학 학습력을 길러 준다는 것에 대해 찬반 토론을 했다. 대부분 학생이 보드게임을 하려면 논리적으로 생각해야 하기에 찬성하는데, K는 휴대폰 게임을 부모님들이 못 하게 하시는 것을 보니 수학 공부와 관련이 없다고 반대한다. 휴대폰 게임이 안 좋다면 당연히 보드게임도 안 좋은 것이고, 이런 자기 생각에 반대한다는 것은 이 세상 부모님에 대한 패드립이라고 강하게 주장했다.

수학 문제 열심히 푸는 공부를 중요시하는 학부모의 자녀 교육 정서가, 넘지 못할 높은 장벽으로 느껴진다.

12. 12 (월) 학교에서 진짜 배움

주말에 쉬었다가 학교에 나오는 것이 이론적으로 보면 피곤이 회복되어 에너지가 충전되고 활기차야 한다. 그러나 막상 어른들도 그렇지만 학생들은 쉬는 것이 아니라, 게임 등으로 더 잠을 못 자서 지쳐서 온다.

거기에 학습 동기마저 없으면 졸음에 빠져들고, 더러는 주변 친구들에게 잡담을 걸고 있다. 학교에서의 공부를 효율과 성과에 초점을 둔 경쟁, 점수, 졸업장에서 벗어나 나를 발견하고 키우는 쪽으로 방향을 선회한다면 기쁨을 낳는 공부의 길을 갈 수 있지 않을까?

최우선은 수업을 통해 배움이 일어나야 수학의 원리를 알고, 세상을 알게 된다는 것이 나의 수업 철학이다. 그래서 수업 중에 못 자게 하는 거고, 집중하도록 강조한다. '배움이 기쁨이 되는 공부의 길' 안내자가 목표다.

12. 13(화) 정다면체가 5개뿐인 이유

한 내각의 크기가 60°인 정삼각형 3, 4, 5개가 모이면 360°보다 작으므로 정다면체를 만들 수 있지만, 6개가 모이면 360°가 되어 평면을 이루므로 정다면체를 만들 수 없다.

또 한 내각의 크기가 90°인 정사각형 3개가 모이면 정육면체를 만들 수 있지만, 4개가 모이면 360°가 되어 평면을 이뤄 입체를 만들 수 없다.

한 내각의 크기가 108°인 정오각형 3개가 모이면 정다면체를 만들 수 있지만, 4개가 모이면 360°가 넘어서 겹치게 되어 입체를 만들 수 없다.

한 내각의 크기가 120°인 정육각형 3개가 모이면 120°가 되어 평면이 되어 입체를 만들 수가 없고, 정칠각형, 정팔각형도 입체를 만들 수 없다. 그래서 정다면체를 만들 수 있는 것은 정삼각형으로 3종류, 정사각형 1종류, 정오각형 1종류의 총 5개만 만들 수 있다는 것을 알았다.

12. 13(화) 학교 축제에 수학 부스 준비

연말에 학교 축제 준비로 학급 부스 운영 신청을 받고 있는데,

함께 쓰는 수학 일기

1학년 8반 8명이 학급 부스로 수학 활동을 하겠다고 찾아왔다. 해마다 학급별 부스가 있고, 추가로 수학 동아리 학생들이 수학 부스를 운영했는데, 이번에는 학급 부스인데 수학 체험 활동을 하겠다고 먼저 요청해서 반갑고 든든했다.

신청서에 부스 배치도, 당일 진행 상황, 학생별 역할, 준비물, 상품 등에 대해 자세히 작성해서 가져온 것이 기특했다.

12. 14 (수) 플라톤의 정다면체를 나와 연결하기

플라톤은 우주에 근본 물질은 정다면체로 이루어져 있어서 '불'은 정사면체, '흙(땅)'은 정육면체, '공기(바람)'는 정팔면체, '우주'는 정십이면체, '물'은 정이십면체로 이루어져 있다고 했다.

'나는 무엇과 닮았을까'를 가지고 글쓰기를 했다. 국어와 융합한 활동이고, 무엇보다 수학 시간이지만 자신의 정체성을 생각해 보게 하고 싶었다.

나 성준영은 흙이다
흙이 모든 사람이 설 수 있는 땅이 되는 것처럼
흙이 사람들이 살 집의 벽돌이 되는 것처럼
흙이 식물이 싹 트는 보금자리가 되는 것처럼
나는 오늘도 묵묵히 내가 할 일을 하며 살아갈 것이다.

12. 15 (목) 침묵이 더 힘세다

지오밴드를 활용하여 다빈치 구 1차를 만드는 활동을 했다. 똑딱단추 같은 것으로 연결하니 편리하여 1학년 전체 학생이 개인별로 만들었다.

세팍타크로를 연상해서 질문하는 학생이 있어서, 지오데식 구, 다빈치 구의 차이점을 설명하고, 설명서를 보면서 조립하도록 했다. 1시간에 모두 완성하기는 버거웠지만 70% 정도의 학생이 완성하였고, 하교하기까지 조립을 완성한 뒤, 종례 시간에 반장이 완성작을 들고 단체 사진을 찍도록 안내했다. 오각형 주변에 삼각형이 있고, 바로 이어서 오각형이 오는 원리를 직접 조립하면서 더 잘 이해하는 것 같다.

한 반은 너무나 떠들썩하게 활동하면서 음악을 틀어 달라고 했고, 다른 반은 쥐 죽은 듯 침묵 속에서 단 1명도 포기하지 않고 완전히 몰입하여 조립 방법을 고민하고 있었다. 교사가 교실을 순회하면서 설명해 준다고 말하는 소리가 방해라고 느껴질 정도였고, 모두 설명서를 각자 이해하며 스스로 해결하고 있었다.

숨소리도 들리지 않을 정도로 침묵으로 이어진 반의 몰입 강도가 훨씬 높았고, 완성도도 높았다. 침묵은 금이라는 격언이 실감 났다.

함께 쓰는 수학 일기

· · · · · · · ·

12. 16(금) 흥미 있는 수학 이야기

1학년 4개 반을 수업하는데 학급별로 선호도 차이가 조금 있긴 하지만, 수학은 어쩔 수 없이 공부하는 과목이라는 것쯤은 눈치껏 알고 있다. 수업을 교체할 필요가 있을 때 절대 건드리면 안 되는 수업이 체육이고, 수학은 없어져도 전혀 모른다. 바꾼 수업을 채울 때 왜 수업을 또 하느냐고 성질을 내는 아이들이 있다. '지난번에 빠진 것 하는 거야. 조삼모사야.' 그러면 어쩔 수 없이 수용하지만 하고 싶지 않아서 몸을 비튼다. 그러면 '수업이 끝나갈 무렵에 창의력 문제 풀기 할게.'라고 한다. 그럼 야호 하면서 그것만 하자고 하기도 한다. 어떤 야속한 아이는 지금까지 꺾인다. 이런 솔직한 녀석!

어떤 선생님이 넌센스를 포함한 다양한 영역의 문제 파일을 공유해 주서서 그걸 파워포인트로 편집을 했다. 문제 다음에 해답이 나오도록. 성냥개비 문제는 가장 많은 아이가 도전하는 문제다. 참여율도 높고 수학 성적과 관계없이 다양한 아이들이 해결하고 성취감을 표현한다.

밥보다 자장면이 맛이 있다고 하지만 그렇다고 자장면만 먹고 살면 건강을 유지하기 어렵다. 흥미 있는 수학 수업을 하려면 어떻게 하면 좋을까….

12. 15(목) 아빠 기대치가 좀 높네?

기말고사로 국어, 역사, 과학을 봤다. 국어는 2개 틀리고(다시 보니 5개 정도 틀렸다) 역사, 과학은 100점 맞았다.

오늘 본 기말 점수를 아빠께 말하고 싶었다.

몇 개 정도 틀린 게 잘 본 거야? / 음…, 1개. / 국어 2개 틀렸는데…. / 음…, 2개면 잘 본 거네.

아빠가 나에게 건 기대가 생각보다 높다는 걸 알았다. 그래서 사실 국어 점수가 10점 이상 더 깎였다는 건 말하지 않았다.

12. 16(금) 수학 시험 속에 나

수학 시험이 있는 날이다. 수학 시험 보기 전에 내가 잘 틀리는 유형 다시 확인하고 시험을 봤다. 첫 문제를 잘 풀고 다른 문제들을 푸는데 답이 없다. 진짜 객관식에 내가 계산한 답이 없다. 이때부터 난감했다. 거기다가 '에이, 이건 안 나오겠지.' 하는 문제가 나와 버렸다. 할 수 있는 데까지 풀고 나머지는 찍었다. 그리고 후회했다. 왜 내가 이 문제를 연습 안 했을까. 또 수학을 더 열심히 공부할걸…. 그렇게 OMR를 제출하고 내 수학 시험은 끝났다. 이번에는 잘하고 싶었는데. 1학기랑 똑같이 됐다. 점심을 먹고 나서 수학 시험지 답지가 나왔다. 차마 채점을 못 하겠다. 내가 예상한 것만 해도 많이 틀렸는데 채점을 하면서 내 점수를 보고 싶지 않았다.

시간이 지나니 진정되고 괜찮아졌다. 올해는 이렇게 됐으니 내년에 더 잘하자고, 내년에 진짜 만점 받자고, 수학만 이렇게 된 게 아니니 내년에 진짜 준비 더 잘해서 좋은 점수를 받자고 다짐했다.

12. 16(금) 기말고사를 마치고

2학년 마지막 시험이 끝났다. OMR카드에 잘 체크했을까? 하는 생각이 들어 불안하기도 했지만 가채점 결과는 성적이 생각보다 잘 나와서 전체적으로는 괜찮은 느낌이 들었다.

2학년이 된 지 얼마 안 된 것 같은데 시간이 참 빠르게 지나갔다.

12. 16(금) 아직도 시험 종이 울린다

2학년 마지막 시험이 끝났다. 학생이 아닌데도 시험 종은 기분을 묘하게 한다. 전투 같은 설거지를 끝낸 느낌이랄까….

12. 16(금) 시간 순삭

나이가 어리지만 가면 갈수록 시간이 점점 더 빠르게 가는 것 같다. 갑자기 이런 말을 하는 이유는 이번에 중학교 2학년 2학기 기말고사가 끝났기 때문이다. 방금 이 글을 읽고 시험이랑 시간이랑 무슨 상관인지 의문을 가질 수도 있는데, 학교 안에서 시험만큼 시간과 직접적인 관계가 있는 것을 찾기는 힘들다. 시험은 학교를 다니면 무조건 찾아오는데, 이 기간이 몇 달 간격을 두고 여러 번 보기 때문에 시험을 보는 것으로 시간이 얼마나 흘러갔는지 또 얼마나 빠르게 흘러갔는지 느낄 수 있다. 그리고 나에게 이 시간은 더 직접적으로 다가왔다. 일주일이 하루가 된 것처럼 빠르게 지나갔기 때문이다.

매일 아침 요일을 확인하고 오늘의 할 일을 정리하면서 나의 머릿속을 떠나지 않는 생각이 있다. '벌써 주말이 다가왔다고?' 원래 대한민국을 살아가는 사람이라면 평일은 천년만년의 세월이고 주말은 찰나의 순간으로 느끼는 건 당연한데, 지금의 나는 그런 것은 중요하지 않다는 듯이 한 번 눈을 감았다 뜨니 일주일이 지나 있었다.

성적은 뭐, 그냥그냥 평균 정도 본 것 같다. 영어에서 바닥을 치기는 했는데 슬프니 넘어가고, 기말 과목 8개(시험 보는 전 과목)라는 매우 꼴 보기 싫은 과목 수를 생각하면 잘 본 것 같다.

12. 17(토) 로또보다 높은 확률

수학 시험 28번인가, 27번 문제가 최종 보스 문제로 나왔다. 도형의 닮음을 이용해서 길이를 구하는 문제였는데 사다리꼴 안에 빽빽하게 채워져 있는 도형들을 보고 있자니 절로 의욕이 떨어졌다. 학원에 다녔는데도 불구하고 아직도 자신 있게 못 푸는 문제가 있다. 공부가 허술했나 보다.

이럴 때의 해결법은 아주 간단하다, 찍으면 된다. 모르는데 어떡하나? 찍어야지. 확률은 5분의 1, 20%라는 매우 높은 확률을 보장하는 방법이다. 몇억 분의 일 확률인 로또나 나만 안 뜨는 게임 뽑기보다는 수십에서 수백 배는 더 높은 확률이다.

이걸 만들면서 선생님은 과연 무슨 생각을 했을까? 시험 문제를 풀면서 가장 많이 한 생각이고 또 물어볼 수 있음에도 실행으로 잘 옮기지 않는 고민이다. 내가 예상하는 바로는 별뜻 없이 출제하셨을 걸로 생각한다. 굳이 꼽자면 다른 문제지나 시험지와 겹치지는 않을까 하는 정도.^^ 아니면 이 문제는 웬만하면 못 풀었으면 하고 내셨나?

아무튼 확률을 뚫고 맞혔기를 기대해 본다. 이제 시험도 끝났으니 쉬는 건가 하고 달력을 봤더니 아직 방학까지는 한참 남았다. 뭐, 이것도 눈 깜짝할 사이에 지나가서 어느 순간 방학식이 되어 있겠지.

12. 16 (금) 지필 평가가 필요할까?

2학년 2차 지필 고사가 3일에 걸쳐서 오늘 모두 마쳤다. 두 달 전부터 시험 기간이라고 아무것도 못 하고 오로지 시험 공부에 매달리는 학생이 있고, 대부분은 한 달 전부터 시험 기간이라며 주말에도 사교육에 매달려 있었다.

시험을 잘 보도록 주변은 모두 조용히 해야 하는 압력을 받는다. 그렇게 암기하여 몇 개를 맞느냐에 따라 자신의 능력을 과시하거나 기죽어 있다.

긴 세월 동안 수많은 사람의 직관, 지능, 이성, 감정의 경험이 누적되어 '배움'에 대한 인식이 바뀌고 있지만, 우리나라 사람들의 의식은 아직도 성숙되지 않았다. 요즘 들어 교직에 오래 있었던 나의 책임이 크게 느껴진다. 그런 문제점이 보였으니 교육의 철학과 방향 전환에 대해 목소리를 높였어야 했는데….

12. 17 (토) 폭설 내린 날 수학 캠프

사전 계획된 수학 캠프 날인데, 하필이면 이번 겨울 들어 가장 추운 날씨에 폭설까지 내렸다. 아침부터 눈이 너무 와서 눈길을 뚫고 캠프 참가하기 어려워서 못 온다는 연락을 2명에게 받았다.

함께 쓰는 수학 일기

눈길이 너무 위험해서 나오는 학생들의 안전이 걱정되었고, 추위도 심해서 출석률이 저조하리라 생각되었다.

오늘 활동은 4명 모둠 활동으로 야심차게 준비했었다.

1. 지오밴드 사용하여 2차, 3차, 4차 다빈치 구를 만들기
2. 12편 구 9, 12, 15조각으로 구 조립하기
3. 모둠 대항 보드게임 3종(퀵소, 블로커스, 슬리핑 퀸즈)
4. 유닛 12종 조립

다빈치 구 조립하는 데 시간이 오래 걸려서 보드게임과 개인별 퍼즐은 못 하고 짧은 시간에 할 수 있는 젠가만 했다.

12편 구는 설명서가 없어서 내가 몇 개의 샘플만 만들어서 제시했는데, 샘플보다 많은 방식으로 어찌나 잘 조립하는지!

유닛 퍼즐은 바빠서 해 보지 못한 데다가 난이도가 높아서 해결 못 하게 되더라도 경험해 보는 의미로 제공했다. 그러나 교사의 설명이나 시범이 없어도 학생들은 설명서 없이 해결을 잘해서, 체험거리를 던져 주기만 하면 스스로 배운다는 것을 이번에도 실감했다.

우리 학교 수학 교사 5명, 고1, 고2인 수학 동아리 졸업생 6명, 재학생 32명이 참가하여 추위도 잊고 뜨거운 열기 속에, 수학으로 도형의 원리를 생각해 보는 즐거운 시간이었다.

교실 정리하고 나가 보니 학생들이 오랜만에 쌓인 눈으로 대형 눈사람을 만들고 있었다. 눈 때문에 걱정한 행사였는데, 눈 덕분에 행복한 추억을 쌓았다.

12. 19 (월) 아는 문제인데 시험 보면 틀려…

수업 중에 충분히 이해해서 친구들에게 풀이 방법을 설명해 주며 잘 아는 문제를 시험 시간에 긴장한 탓에 실수로 틀리는 학생들이 많다. 지난 기말고사에 그렇게 황당한 경험을 한 학생이 너무 충격이 커서 배도 아프고 몸살이 너무 심해서 지난 토요일 주말 캠프에 참석을 못 했다는 아픈 이야기다. 얼마나 마음이 아팠을까….

우리는 왜 지필 고사를 꼭 그 시간에 푼 것으로 평가를 할까? 평소 수업 시간에 이미 잘 푼다는 것을 아는데, 구태여 왜 날짜와 시간을 정해서 그때 푼 것으로만 인정하는 제도를 이렇게 계속 끌고 가는 걸까?

학창 시절을 이렇게 보낸 학부모들이 이런 방식의 평가가 당연하다고 여겨서 계속 시험 보기를 원한다고 한다. 정치를 하는 사람들은 교육을 어떻게 하는 것이 옳은지 고민을 해 보거나 교육에 대한 철학이 정립되지 않은 상태로 부모들의 생각을 밀고 나간다. 교육에 대해 옳은 방향 설정을 위해 노력한 교사들의 목소리가 파묻히고 만다. 우리의 삶은 앞으로 나아가지 못하고, 다람쥐 쳇바퀴 돌며 지쳐서 제자리에 있다.

인생의 아름다운 중학교 시절에 진짜 배움의 즐거움을 느껴 보지 못하고, 시험으로 지친 학생들을 지켜만 봐서 미안하다.

12. 20(화) 수학을 그림과 융합하기

수학을 배우고, 수학으로 생각하고 수학을 다른 것과 연결해야 함을 강조했었다. 그래서 도형 중에서 ○, △, □를 각각 3개 이상씩 사용하여 그림을 그린 뒤 서술하게 했다.

미술과 융합한 활동이며, 자신의 철학을 세워 보는 시간이었다. 불과 20여 분 활동이라 우수한 그림의 작품보다는 자신을 성찰하면서 삶의 철학을 정립하는 도화선이 되기를 바랐다.

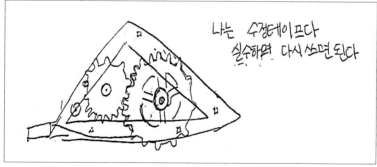

12. 21(수) 시간은 되돌릴 수 없다

　주인공은 누명을 쓰고 마법의 빵을 파는 '위저드 베이커리'로 숨는다. 시간을 되돌리는 타임 리와인더와 함께 집에 가게 된다. 집에 왔을 때 진짜 범인은 아빠였고, 배 선생은 오히려 주인공을 공격하며 주인공은 타임 리와인더를 사용했을 때(Y의 경우)와 사용하지 않았을 때(N의 경우)로 나뉘어 스토리가 전개된다.

　Y의 경우, 나도 주인공과 같이 시간을 돌렸을 것 같다. 가정의 평화를 파괴한 배 선생을 만나지 않는 운명, 배 선생이 없어서 일어날 일 없는 사건들….

　하지만 주인공에게 잊지 못할 '친구'가 되어 주며, 어쩌면 친아빠보다도 더 도움을 준 점장과 파랑새를 잊는 것은 안타깝지만, 주인공을 잠시 도와준 것이 오히려 주인공의 성장에 도움이 된 것 같고 오히려 그들의 기억이 남아 있다면 자꾸 그들이 생각나서 주인공을 더 힘들게 할 것 같다.

　우리 사는 세상은 시간을 돌릴 수 없다. 그저 후회 없는 선택을 하는 수밖에 없다. 과거로 돌아가고 싶어도 돌아갈 수 없으니까. 인생이 원하는 대로 풀리지 않아도 늘 방법은 있으니까. N의 경우가 우리가 사는 세상이니까.

12. 22(목) 4차 다빈치 구 만들기 도전

지오데식 구는 포디 프레임으로 1, 2, 3, 4, 5, 6차를 만들어 교내에 전시했었다. 올해는 지오밴드로 1차 다빈치 구는 1학년 전체가 만들었고, 2, 3차는 수학 캠프에서 만들었기에 4차 다빈치 구를 조립하고자 도전했다.

포디 프레임은 원하는 길이로 잘라서 정교하게 제작했는데, 지오밴드는 이미 정해진 규격을 그대로 사용하다 보니 모양이 둥글게 하기 위한 아이디어가 요구되었다.

수학 동아리 학생 중에서 1학년 팀, 2학년 팀으로 각각 연구해 보라고 했다. 2학년은 1, 2, 3차와 다르게 정오각형 부분을 큰 규격으로 시도하였고, 1학년은 다빈치 구 출력물에, 지오밴드 규격에 맞춰 색을 칠하면서 토의를 했다.

1학년 팀은 같은 반이라서 수업 중 쉬는 시간마다 모여서 계속 토론하며 모양을 이렇게 저렇게 조립했다 풀었다 반복하며 시도하였고, 2학년 팀은 반이 달라서 방과 후에 수석실에 모여서 조립을 했다.

성공해서 매끄러운 구가 나오기를 바라는 마음이 크다. 그러나 작품의 완성도보다는 시험으로 성적이 나오는 것도 아니고, 대회도 아니고, 의무 사항도 아닌데 목표를 향해 탐구하는 그런 자세가, 이미 가장 의미 있게 목표를 달성한 거다.

12. 23 (금) 겸손과 헌신에 가치를 두는 학생

인서가 벌써 고등학교 3학년을 졸업하고 서울대학교에 합격하여 엄마랑 함께 중학교 선생님들께 감사 인사를 하러 왔다. 수학 동아리 활동을 하였고, 전국 통계 활용 대회에 3명이 공동으로 참가했었고 늘 성실하며 다방면에 재능이 있는 예쁜 학생이었다.

열심히 노력한 수고에 축하와 더불어 옛이야기를 하다가 문득 수석실 문 앞에 비치한 '감사, 배려, 유연성, 창의성….' 등 42개의 미덕의 항목에 눈길이 갔다.

고1 때 동급생 제욱이와 함께 찾아왔을 때, 그 미덕 중에 나에게 가장 귀한 가치를 2개씩 골라 보라고 했었다. 오늘은 엄마에게 딸이 2년 전에 2개를 선택했었는데, 어떤 것을 선택했을지 딸의 마음을 짐작해 보시라고 했다. 인서도 "2년 전 제가 어떤 것을 선택했는지 기억이 나지 않는다"라고 하기에, 현재의 생각으로 다시 골라 보라고 했다.

엄마가 잠시 읽어 보시더니 2개를 고르신다. '겸손, 헌신'.

너무나 깜짝 놀랐다. 정확하게 맞히셨다. 인서도 다시 고르면서도 그 두 개를 선택했다. 엄마가 늘 그것을 강조하셨다고 한다. 2년 전에 따님이 '겸손, 헌신'을 선택했었다고 말씀드렸더니 "그것을 아직도 기억하고 계세요!"라며 오히려 고마워하시면서, 딸이 이렇게 잘할 수 있었던 것은 선생님들의 헌신과 노력이었다는 말씀을 하시며 고맙다고 하셨다.

성실하고, 재능 많고, 뛰어난 인재가 겸손과 헌신을 중요하게 여기는 우리나라의 앞날에 희망이 느껴졌다!

12. 26(월) 모둠이 함께 이기는 보드게임

[The Mind]라는 게임을 해 보았다. '너의 마음을 보여 줘'라고 카드 앞면에 쓰여 있는 것처럼 상대의 마음을, 생각을, 느낌을 읽고 텔레파시가 통해서 협력하여 오름차순으로 카드를 내는 게임이다.

시작하기 전에 참여자들이 양손을 옆 사람과 잡고 "잘하자! 잘하자! 잘하자! 잘하자!"라고 외치는 동안 벌써 마음이 열리고 즐겁게 시작되었다. 그러나 게임 중에 말이 전혀 없는 침묵으로 이어지며 서로의 얼굴 표정을 유심히 관찰하게 되었다. 오름차순으로 내는 것이 성공하면, 한 명의 우승이 아니고 다 같이 이긴 것이다.

다른 팀과의 경쟁이 아니라 협동하는 것이며, 말하지 않는 응축된 침묵의 긴장감이 주는 색다른 묘미를 느끼게 되었다.

12. 27(화) 캔은 왜 원기둥으로 만들까?

24cm인 끈으로 정삼각형, 정사각형, 직사각형, 구를 만들고

넓이를 비교하는 활동을 하였다.

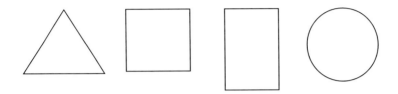

　정삼각형은 3학년 때 배워야 아는 것이 있어서 선생님이 도움을 주셨고, π는 대략 3.14로 해서 계산한 결과, 정삼각형 27.7, 정사각형 36, 직사각형 32, 원 45.8로 모두 달랐다.

　그리고 나서 '캔은 왜 원기둥으로 만들까?'를 생각해서 앞뒤의 친구와 서로 자기의 생각을 말해 보라고 하셨다.

　'예뻐서', '마시기 편해서', '더 맛있게 느껴져서'라고 답하는 친구들 소리도 들렸다. '삼각기둥으로 만들면 뾰족해서 손을 다칠 수 있어서', '대량으로 운반할 때 서로 부딪쳐서 긁히지 않게'라는 말도 서로 공감했다. 선생님께서 아까 계산했던 24cm의 같은 길이로 밑면을 만들 때 원의 넓이가 큰 것을 말씀해 주셨다. 즉, 똑같은 부피의 원기둥, 삼각기둥, 사각기둥의 캔을 만들 때 원기둥이 재료가 적게 드는 것을 수학적으로 설명해 주셨다.

　아하~ 생활 속에 이렇게 수학이 적용되는구나!

12. 28(수) A4 용지를 어떻게 말아도 부피는 같을까?

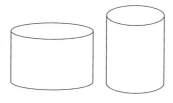

　A4 용지를 가로로 놓고 말아서 원기둥을 만들고, 세로로 세워서 말아서 원기둥을 만들어서 부피가 같을지 다를지에 대하여 질문했다. 같은 종이니까 부피가 같다는 견해와 모양이 달라지면 부피가 달라진다는 두 가지의 반응이 나와서 실제 계산을 해 보도록 했다.

　예전 교내 수학 축제에서는 쌀 티밥을 담아 보게 해서 그 양을 눈으로 비교해 보게 했으나, 코로나 상황에서 공동으로 사용하는 교실에서 먹을 것을 같이 나눠 먹게 하기 어려워서 단지 계산으로만 하게 되었다.

　A4 용지가 21×29.7이지만, 계산을 편리하게 하려고 20×30으로 계산하도록 했다. 지름을 구하기 불편해서 π 값을 약 3으로 해서 계산하도록 했다. 아직도 π를 cm 같은 단위로 헷갈리는 학생들이 있었다. 이렇게 대략 3으로 잡고 계산해 보면서 확실히 단위가 아닌 3.141592…라는 숫자로 인식하게 되는 효과가 느껴졌다.

　교과서 문제보다 생활 속 문제로 던지면 더 어려워하지만, 친구들과 더 토론하게 되는 효과가 있었다.

12. 29(목) 귤껍질로 구의 부피 실험

구의 겉넓이 구하는 방법을 이론적 설명만으로 하기보다는 간단한 체험이 평생 동안 이해하게 될 것 같아서 귤의 껍질을 벗겨서 반지름이 같은 원에 펼쳐 놓았을 때, 몇 개를 채울 수 있는지에 관한 실험을 하였다.

1학년 전체 학생이 활동할 수 있도록 귤을 구매했고, 개인별 학습 활동지와 계산기를 준비했다.

체험하기 전에 귤의 겉넓이와 부피를 예측해서 활동지에 써 보도록 했다, 부피나 겉넓이가 단지 숫자일 뿐 크기에 대한 감각이 너무 약해서 시도한 것이었다. 예상대로 그 작은 귤의 부피를 3,000으로 쓰는 학생부터 10 정도로 너무 작은 학생까지 다양했다. 그런 생활 속 상황과 연결하는 힘이 약한 것은, 생각하는 것보다 문제 풀이만 중요하게 여기는 학습 습관의 영향이 크다.

상황을 이해 못 해서 귤껍질을 포개어 놓거나, 원의 평면을 채우지 않고 듬성듬성 놓는 학생이 있기는 했다. 작년에는 원에 채워진 귤껍질을 고정하기 위해 투명 테이프로 붙였는데, 이후에 귤껍질을 분리해서 버리는 것이 번거로워서 올해는 놓기만 했다. 체험을 통해서 반지름이 같은 구의 겉넓이가 원 4개의 넓이와 같음을 이해한 것 같다.

12. 30 (금) 학교 축제에서 수학 부스 운영

코로나로 인해 중단되었던 학교 축제를 하게 되어 오전에는 학급별 부스 운영, 오후에는 공연 마당이 있었다. 3학년 선배들조차 2년 동안 해 본 적이 없어서 학급 부스를 어떻게 하는지 몰라서 고민했지만, 결국 20개의 부스가 개설되었다.

우리 반은 수학 활동으로 부스를 운영하기로 방향을 잡고 8명의 학생이 의견을 모아서 계속 준비하고, 연습했다. 활동을 성공한 친구들에게 줄 과자와 사탕도 미리 사고, 체험에 필요한 수학 교구는 미란 선생님께서 지원해 주셨다. 수학 부스의 분위기를 내려고 어제 슈퍼 포디 프레임으로 지오데식 구와 씨에르핀스키 삼각형을 조립하고, 2차 다빈치 구로 교실을 꾸몄다. 아이큐 퍼즐 램프와 1차 다빈치 구를 창가에 비치하는 등 준비할 게 많았다. 수학 부스 담당은 1. 저울 폭탄을 막아라(준영, 동진) 2. 수학 넌센스 퀴즈(지혁) 3. 하노이탑(준수) 4. 암호를 풀어라(가영) 5. 도전 큐브 맞추기(종평) 6, 공명 쇄 조립(민성), 쿠폰 배부와 체험 확인 도장 찍어 주기(승준)였다.

전교생에게 20개씩의 쿠폰을 줘서 쿠폰을 제출하고 체험을 하는데, 우리 부스에 참가자들이 제출했던 쿠폰을 보니 아주 많아 얼마나 많이 참여했는지 실감 났다.

우리 반에서 수학 부스를 함께 운영했던 친구들의 글이다.

'저울 폭탄을 막아라' 도우미: 성준영

학교 축제 때 친구들과 함께 수학 부스를 운영하기로 했다. 학교에서 이러한 일을 한 것은 처음이라서 실수할까 봐 걱정되었지만, 친구들과 함께 '지오데식 구', '2차 다빈치 구'를 만들며 부스를 꾸미고 준비를 하니 그러한 걱정이 싹 사라졌다. 준비를 마친 후 학교 축제가 시작되었다.

6개 부스를 둥글게 꾸미고 앉아 다른 친구들이 오기를 기다렸고, 다른 친구들이 들어오자 우리는 쉴 새 없이 바빠졌다. 부스 안으로 들어온 친구들에게 준비한 수학 문제들을 보여 주고 설명하는 것이 조금 힘들었지만 처음 친구들과 부스를 준비하고, 수학 체험 과제를 친구들에게 설명해 주는 것이 정말로 뿌듯했다. 2학년 때에도 이러한 수학 부스를 해 친구들에게 수학 문제를 설명해 주고 싶다는 생각이 들었지만, 수학 부스를 담당해 주신 이미란 선생님이 정년 퇴임을 하셔서 너무 아쉬웠다. 이미란 선생님, 사랑해요~

'공명 쇄 조립' 도우미: 정민성

공명 쇄 블록을 해체하고 다시 조립하는 부스를 운영했다. 부스 운영이 힘들기도 하였고 다른 부스를 체험하지 못한다는 것이 아쉽기도 하였지만 나름 재미있기도 해서 좋은 경험인 것 같았다.

수학 부스에 참여하여 체험한 사람, 수학 부스를 운영한 나, 모두에게 수학이 쉽게 다가가고 흥미를 느낄 수 있었던 것 같다. 2022년도 마지막 날을 좋은 경험으로 마무리한 것 같아 뿌듯했다. 그리고 나는 이미란 선생님, 친구들과 함께한 이 날을 잊지 못할 것이다. 1학년을 좋은 기억으로 만들어 주신 이미란 선생님, 감사합니다!

'하노이탑' 도우미: 박준수

코로나로 인해 중단되었던 학교 축제가 열렸다. 친구들의 권유로 부스 도우미를 하게 되었다. 축제 당일 아침 일찍 학교로 등교하여 친구들과 함께 부스 꾸미기로 지오데식 구와 씨에르핀스키 삼각형을 만들었는데, 우리 반 친구들이 와서 감탄하는 모습을 보니 괜히 마음이 뿌듯했다.

축제는 순조롭게 진행됐고 나는 6가지 수학 체험 부스 중 '하노이탑'이라는 부스를 맡았는데, 모르는 학생에게 하노이탑을 푸는 방법을 설명해 주자 이해하고 기분 좋아하는 모습을 보니 괜스레 나도 기분이 좋았다.

그렇게 학교 축제가 끝이 났다. 부스를 정리하고 서로에게 수고했다면서 칭찬을 주고받았다. 처음으로 나가는 축제라 떨리고 긴장되었지만, 열심히 참여한 것 같아 뿌듯했다.

12. 30(금) 내포중 축제에
수학 체험 부스가 있다고?!

내포중 축제에서 오전에는 부스 운영을 한다. 작년에는 코로나 때문에 반에서 즐겼는데, 이렇게 각각 반마다 체험 부스를 만들어 체험하는 게 새롭고 재미있었다. 부스에는 게임, 방 탈출, 포토 등 모든 것이 재미있었다.

그렇게 돌아다니면서 체험하는데 안내 책자에 1-8반에 수학 체험 부스가 있었다. 여러 가지 수학 체험 활동이 있었는데, 그중에서 '저울 폭탄을 막아라'가 반가웠다. 홍성 수학 축제에서 이 활동으로 도우미를 해서 기억에 많이 남는 활동이었다. 그래서 잘할 줄 알았는데 그건 아니었다. 막상 해 보니 약간 헷갈렸다. 왜 체험하는 학생들이 헷갈리는지 이해할 수 있었다. 또 '암호를 풀어라'를 했다. 수학 축제 때 이 체험은 안 해서 처음 해 보는 수학 활동이다. 글씨가 많은 종이를 줬는데 하나도 연관성이 없는 글씨다. 이걸 어떻게 풀지 생각하는데, 모르겠다. 앞에만 보면 뭐가 적혀 있나…? 아니면 한 칸씩 띄어 읽으면 암호가 나오는 줄 알았는데 아니었다.

그래서 결국 도우미에게 물어봤다. 암호가 쓰인 종이를 세로로 한 줄씩 나눈 상태에서 순서만 바꾸면 암호가 풀리는 것이었다. 나는 '아'라는 감탄사가 바로 나올 수밖에 없었다. 거기까지는 생각을 안 했기 때문에…. 그래서 나는 다른 문제도 이렇게 풀

함께 쓰는 수학 일기

어 보았다.

부스로 수학 체험을 하니까 수학 축제 했을 때가 기억나며 재미있었다. 내년에도 이렇게 다양한 체험이 있는 수학 부스가 있었으면 좋겠다.

12. 31(토) 아듀 2022, Happy new year

1년, 12개월, 365일. 숫자로만 본다면 매우 긴 시간이지만 실제로 경험을 해 본다면 그렇게 길지만은 않은 시간이다. 시간이 빨리 갔다가 느리게 갔다가 하는 건가 하는 생각이 든다. 예를 들면 이런 느낌이다. 평일에는 시간이 느리게 가는데 주말이나 방학만 되면 눈 깜짝할 새에 지나가는 게 시간이다. 분명 어릴 때는 중학교는 멀게만 느껴졌는데 지금쯤 되니까 시간이 이렇게 빨리 간다는 생각이 든다.

이제 2022년이 지나가고 2023년이 온다. 그리고 중3으로 올라가게 된다. 수학 캠프를 한 지도 벌써 2년이 되었다. 계속 수학 캠프에 참여하면서 내가 무엇을 했었나 가만히 생각해 보면 그때의 추억들이 생각난다. 오랜 기간 활동을 해 왔기 때문에 아주 다양한 활동들을 해 왔다. 물론 3학년이 된다고 해서 수학 캠프가 사라지지는 않지만 그래도 1년이 끝난다고 생각하니 아쉬운 것도 사실이다.

시간이 24시가 되기까지 얼마 남지 않은 시간이 되었다. 지금이 일기를 쓰면서 한 가지 고민이 생겼다. 이 일기는 며칠 걸로 써야 할까? 시작은 2022년~ 끝나는 것은 새해가 되는 2023년~ 사실 고민할 것 없다. 그냥 둘 중 하나 쓰면 되니까. 쓴 것이 중요하지 언제 썼는지는 사실 중요하지 않다.

다시 돌아와서 어느덧 새해 카운트다운까지 1분 채 남지 않았다. TV에는 제야의 종 앞에 모인 사람들이 보였다. 그리고 얼마 뒤 카운트가 시작됐다. 10, 9, 8, 7, 6, 5, 4, 3, 2, 1! 해피 뉴이어! 나와 나의 엄마 아빠는 같이 새해를 맞이했다. 카톡방에도 친구들의 새해 축하 메시지가 올라왔다.

새해가 되고 나서 든 생각은 '아, 빨리 자야지'였다. 새해가 되기 전까지는 들떴으나 막상 지나니 별거 아니었다. 새해가 되었어도 학교의 방학은 며칠 더 있어야 한다. 방학에 새해를 맞으면 좋았을 텐데~ 참 아쉬울 따름이다.

아무튼 2022년을 마무리하고 2023년을 맞이했으니 다시 1년을 시작할 때다. 마지막으로 이걸 읽을 모두 새해 복 많이 받기를 바란다.

함께 쓰는 수학 일기

1월 함께 쓰는
수학 일기

1. 2 (월) 계산기를 사용한 수업

생활 속 입체 도형과 연결하기 위해 탁구공, 축구공, 테니스공
의 지름을 예측해 보게 하고, 실제 길이를 알려 주었다. 정확하게
지름을 맞힌 학생이 학급별로 6~7명이 되었고, 길이와 부피에 대
한 감각을 익히는 이야기를 나눴다.

정확한 지름을 제시했으니 계산기를 나눠 주고, 겉넓이와 부피
를 구하도록 했다. 계산기를 만지작거리기만 할 뿐 어떻게 사용
할지 모르거나, 부피 구하는 공식($\frac{4}{3}\pi r^3$)을 계산기에 어떻게 입력
할지 몰라서 부피와 겉넓이를 구하지 못하는 학생이 대부분이었
다. 생활 속에 적용하는 수업의 필요성을 다시 생각하게 되었다.

아르키메데스의 죽음과 묘비명에 원기둥, 구, 원뿔의 부피의
비에 관련된 영상을 보여 주고 성찰 일기를 작성하도록 했다. 도
형을 그리다가 로마 군사에게 갑자기 죽임당한 것이 너무 속상하
게 느껴질 수도 있지만, 죽음에 이르기 직전까지 자신이 하고 싶
은 도형 연구를 할 수 있었던 것이 한편 부럽기도 했다.

1. 3(화) 옳은 것을 제안할 용기

수석실에 B가 찾아와서 자신의 고민을 털어놓았다. 수업 시간에 너무 떠들어서 수업을 방해하는 친구들한테 조용히 하고 수업하자고 나서는 사람이 있어야 하는데, 본인은 자신이 없다고 한다. 그렇게 말하는 사람은 선구자가 되어야 하고, 그로 인해 친구가 잘난 척한다고 덤비면 뒷감당을 하기 어려워서 용기가 없다고 한다.

그래도 용기 있게 잘못된 것을 고치자고 제안하는 사람이 있어야 좋은 사회가 되니, 친구들이 욕하거나 멀어지는 것 감수하고 말할 수 있는 것을 배우는 것도 중요한 배움이라고 이야기했다. 차마 나서서 말할 용기는 없지만 네 말에 동의하고 지지하는 친구들이 있으니 누군가가 선구자가 되어야 한다고 설득했다.

우리 학교 교육은 소수의 의견도 존중한다는 이론은 가르치지만, 그런 상황에서 용기 있게 잘못된 것을 고치자고 나서서 이야기하는 경험을 제공하고 있지는 않은 것일까? 용기 있게 제안한 친구를 지지하는 분위기가 교육을 통해 학생들에게 자연스럽게 스며들게 되었으면 한다.

1. 3 (화) 신입에서 반장까지

학년말이 되면서 6학년 때 기억이 났다. 개학 첫날에 아는 친구가 아무도 없었다. 나는 친구를 만들기 위해 남자아이들이 있는 한 무리에 가서 인사를 했다. 그러자 누군가가 나를 '신입'이라고 표현했다. 결국 친해지지 못했다.

다음날 다른 친구가 와서 나에게 와서 말을 걸며 친해졌다. 친구 2명을 사귀면서 왠지 모를 '자신감'이 생겼다. 그 이후 나는 전에 있던 소심한 성격은 언제 그랬냐는 듯 없어지고 한 명 두 명…, 1학기 말 즈음 대부분 친구와 친해졌다. 알 수 없는 자신감으로 나는 2학기 때 반장까지 했다.

6학년 1년 동안, 친구에 관한 소중함을 깨달았다. 아무 말을 하지 않아도 옆에 있으면 즐겁고, 함께하면 더 즐겁고, 나를 보고 반갑게 같이 웃어 주는, 어른들과는 다른 위치에 있는 소중한 사람들. 또한 그런 친구를 만들려면 다가갈 수 있는 '자신감'이 필요하다.

중학생이 되어 우리 반에서도 마음을 열고 다가가는 친구들이 여럿 있다. 수업 시간에 토론할 때, 쉬는 시간에도 얼굴 보고 웃을 수 있고, 수학 과제를 주면 함께 해결하기도 하고, 주말에 운동을 같이하면서 더욱 친해졌다. 공부만이 아니라 친구가 있어서 학교는 정말 좋은 곳이다.

함께 쓰는 수학 일기

1. 4(수) 과자 봉지의 부피와 겉넓이 구하기

교과서에 그림으로 제시되거나 숫자로 제시된 입체에서 부피와 겉넓이 구하는 연습을 했으니, 실제 과자 봉지로 부피와 겉넓이를 구했다.

사각기둥 모양의 과자(에이스)와 원기둥 모양의 과자(멘토스)를 나눠 주고 과자는 코로나 상황이라 나중에 집에서 먹도록 비닐봉지를 제공하여 넣어 두게 하고, 과자 봉지를 잘라서 펼쳐 놓고 길이를 재고, 계산해서 겉넓이를 구하는 활동이다.

계산하기 전에 포장지 속에 과자의 부피를 짐작해 보는 직관적 감각 훈련을 먼저 했다. 입체를 보면서 부피를 대략 인지해 보는 것도 중요하고, 실물을 보고 계산할 수 있는 능력도 중요하다. 과자 봉지를 뜯어서 전개도 모양이 나오도록 자르는 일이 쉽지 않아서 시간이 오래 걸렸다. 봉지에 이미 부피가 표시되어 있지만, 실제로 봉지의 길이를 재서 계산하는 것은 흥미로운 경험이었다는 반응이었다.

교과서와 달리 실생활에서 과자 봉지의 길이는 유리수다. 번거로운 소수 계산을 위해 계산기를 사용하기로 했다. 수업 한 시간을 위해 준비물이 너무 많아서 수레에 가득 싣고 교실로 갔다. 준비물은 '학생 개인별 배부용 학습지, 과자 2종, 자, 스카치 테이프, 가위, 비닐봉지(과자 보관용), 계산기' 8가지였다.

1. 5(목) 추억이 깃든 학습 활동지 선물

수업 시간마다 학습 활동지를 배부하고 수업 마칠 때 걷었다. 수업 중에 미처 파악하지 못한 학생들의 학습 상황을 점검하게 되고, 학생들이 쓴 수업 성찰을 읽음으로 본시 학습 성취도를 파악하고, 다음 차시 수업 방향을 설정하였다.

첫 시간부터 어제까지 1년간 학습한 활동지를 학생 개별로 정리해서 제본했다. 어떤 학습을 했는지, 그런 학습에서 내가 어떻게 해결했는지, 그 학습을 통해 어떤 생각을 했는지에 대한 성찰 일기가 고스란히 표현된 소중한 자료를 선물하고 싶었다.

너무나 예쁜 우리 학생들이 자신의 잠재력을 발휘해서 좋은 어른으로 살아가기를, 주변 사람들에게 많은 기쁨을 주는 사람이 되어 행복하게 살아가기를 기원하는 손 편지를 학생마다 작성했다.

대부분 키보드로 글을 쓰다가 한 학급인 34명 몫의 손 편지를 다 쓰고 나니 손가락이 마비가 온 것같이 뻣뻣해서 더는 쓸 수가 없었다. 그러나 편지를 쓰면서 학생들의 모습을 떠올리니 한 명 한 명에 관한 사랑스러움이 더욱 밀려들었다. 나를 판단하는 주변인들의 반응이나, 스스로 기준에 못 미치는 주춤거림에서 벗어나, 자기 자신으로 아름답게 살아가기를 기도하는 마음이었다.

1. 5(목) 다리 다친 것보다 더 아픈 것

1학년 마지막 체육 시간이라 피구를 하게 되었다. 꼭 참여하고 싶었지만, 다리를 다쳐서 피구를 참여하지 못했다. 체육을 못 하는 것도 서운하지만 마지막 우리 반과 함께하는 활동을 못 하는 것이 더 아쉬웠다. 다리를 다쳐서 아픈 것보다 친구들과 함께하지 못하는 것이 더 아프다.

1. 6(금) 모두 수고하셨습니다

3학년 방송부 선배님들과 마지막으로 하는 방송부 단합 날이다. 선배들과 게임도 하고 간식을 먹으며 지나온 이야기를 나누었다. 칠판에 방송부라고 쓰고 꾸미기 시작했다. 나는 '모두 수고하셨습니다'라는 글씨를 크게 썼다.

기념사진을 찍었고, 1년 동안 3학년 선배들로 계서 주서서 감사하고, 고등학교 생활도 힘내시라고 말하면서 선배들을 안아 드렸다. 이제 2학년이 되면서 방송부에 새로운 후배가 들어오는 것은 기쁘지만 선배들을 떠나보내는 것이 너무 아쉬웠다. 1년 동안 교내 방송부로서 너무나 다급하게 뛰어다녔던 일들이 주마등처럼 지나갔다.

1. 6(금) 마지막 수업

어제까지 입체 도형 수업을 했다. 단원 마무리로 난이도가 높은 문항의 학습지를 배부하여 개별로 20분, 해결하지 못한 문제를 친구들과 상의하며 10분 풀고, 이어서 내가 여러 가지 풀이법으로 설명했다.

자유 학기라 점수로 성적이 나오는 것이 아니고, 스스로 얼마나 알고 있는지 점검하여 몰랐던 내용에 대한 피드백이 목표였다. 구태여 점수로 우열을 구분하지 않고, 풀이를 몰라도 자존심 상하지 않고, 수학을 깊이 배우는 시간이었다. 이렇게 하는 것이 진정한 평가의 목표다. 이런 목표를 온전히 구현하는 자유 학기제가 너무 소중하다. 전 학년으로 자유 학기제가 확산하기를 바랐는데, 오히려 축소되는 것을 막을 힘이 부족하여 밀리고 있다. 기말고사가 끝나고 수업이 제대로 하기 힘든 다른 학년에 비해, 자유 학기제가 적용되는 1학년은 마지막 시간까지 온전하게 교과 수업을 할 수 있었다.

1년간의 수학 수업을 돌아보는 설문을 하고, 이어서 롤링 페이퍼로 친구의 미덕을 찾아 써 주도록 했다. 성격에 따라 길게 쓰거나 그림을 그리면서 즐겁게 작성하는 모습이 사랑스럽고 예뻤다. 친구들이 찾아 준 미덕들을 발현하여 아름답게 살아가기를 기도한다.

1. 7(토) 최선이었을까?

뮤지컬 '스위니 토드'를 관람했다. 주인공이 한 판사에게 복수하기 위해 이발사의 탈을 하고 죄 없는 사람과 죽은 줄 알았던 자신의 아내까지 죽인다. 결국에는 자신도 다른 이에게 죽는 비극적인 내용이다. 뮤지컬을 보기 전에는 내용을 몰라서 무서운 내용일 것으로 생각했는데, 주인공의 심정이 이해되면서도 다른 방법을 선택했더라면 모두가 행복한 결말이 펼쳐졌을 텐데 하는 생각이 들었다.

뮤지컬도 베스트셀러만큼이나 많은 생각을 떠올리게 만드는 것 같다.

1. 9(월) 반장으로서 가장 힘든 순간

종업식이다. 정들었던 우리 반 친구들과 헤어지는 날이다. 서로 롤링 페이퍼도 쓰고 선생님들께도 롤링 페이퍼를 썼다. 1년 동안 반장을 하면서 힘들고 어려운 순간들이 많았지만, 정들었던 우리 반 친구들과 선생님을 떠나는 것이 반장을 하면서 가장 힘든 시간이었다. 우리 반, 고마웠고 잘 지내!

1. 9 (월) 2022 마지막 수학 캠프

매달 다양한 주제로 수학 캠프와 수학 축제를 하다 보니 주제가 뭐가 좋을까 고민하다가 작년에 했었던 수학 티셔츠 만들기를 다시 도전해 보기로 했다.

작년에는 참가자 중 일부는 도자기에 수학 내용을 그리는 것을 하고, 일부만 수학 티셔츠를 했었다. 또한 흰 티셔츠에 면직용 크레파스를 사용하는 방법이었는데, 올해는 방법을 바꿔 보고자 폭풍 검색을 해서 전사 용지를 사용하는 방법을 찾았다. 아이들이 가장 선호하는 검은색 티셔츠를 사용할 수 있을 것 같았다. 원하는 그림을 손으로 직접 그리거나 파일로 만들어서 전사 용지에 컬러 복사를 한다. 그림이 복사된 전사 용지를 티셔츠에 대고 다리미로 다리면 티셔츠에 그림이 붙는다.

올 한해 정신없이 달려온 일들이 티셔츠에 담기는 것 같다. 뜨거운 다리미로 인장을 새기는 듯하다. 내포중에서 함께 수업한 교사와 학생들이 수학을 사랑하는 일로 가득 채웠던 기록이 새겨지는 느낌이었다.

1. 10(화) 잊지 못할 소중한 시간들

'수학 일기'를 쓰는 과정에서 참 많은 것을 생각하게 되었다. 일기를 쓸 때마다 주제가 고민되었다. 여러 가지 주제를 활용해서 일기를 쓰려고 다양한 활동을 해 보려고 노력했던 게 생각난다. 다양한 분야에서 활동하다 보니 정말 즐거웠고, 다양한 관점에서 세상을 볼 수 있었다. 경험해 봤고 안 해 봤고의 차이가 꽤 크다는 것을 느꼈다.

일기를 쓸 때 표현이 애매했다. "이러한 표현이 적절한가?", "뜻이 이게 맞을까?" 어떤 표현을 쓸지 계속 생각할 때마다 뇌가 복잡해지는 느낌이 들었지만, 적절한 표현을 찾았을 때마다 기분이 짜릿했다.

'수학' 일기…. 수학은 원래 단순하다고 생각한다. 하지만 현대 사회에서의 수학은 너무나 복잡하다고 생각한다. 단순히 "시험만 잘 보면 된다"라는 말이 주변에서 들린다. 수학을 단순히 고득점을 얻기 위해서 공부하는 것과 수학에 관해 관심을 가지고 자신이 적극적으로 하는 공부랑 어느 것이 더 효과적일까? 물론 공식을 외워 가면서 미리 예습해서 고득점을 얻는 방법도 하나의 방법이 될 수는 있을 것이다. 하지만 그 방법이 나중에 시간이 좀 더 지난 뒤에 '관심'을 갖고 하는 아이들에 비해 생각의 폭이 좁을 것으로 생각한다. 결론적으로, 문제만 풀지 말고 원리가 무엇인지 어떻게 하면 활용이 되는지를 알았으면 하는 생각이다.

"수학" 두 글자에 아주 힘들었던 경험이 한 번쯤은 누구나 있었을 것이다. 만약 수학 때문에 지쳐 있다면 사신에게 "수고했어" 한마디만 말해 줬으면 한다. 너무 어려워만 하지 말고 한 번쯤은 생각을 바꾸어서 즐겨 봤으면 하는 마음이다.

일기를 함께 쓴 덕분에 여러 사람의 인생을 들여다보고, "생각할 힘"을 얻게 해 주신 선배, 친구 그리고 전은경, 이미란 선생님께 감사를 드립니다!

1. 10(화) 한 학기 수업을 회고하며

1차 다빈치 구가 교내에 뒹굴면 챙겨서 수석실에 가져다주신 손길이 많아서 빨강, 녹색, 하얀색의 1차, 2차, 3차, 4차의 커다란 '다빈치 구'들이 수석실 바닥에서 여기저기 춤추며 굴러다닌다. 1월 캠프에서 조립했던 '아프라의 별'이 테이블 위에 가득 펼쳐진 것이, 밤하늘의 별이 내려온 것 같다. 벽의 게시판에 전시한 알록달록 색깔과 다양한 무늬의 예쁜 하트 퍼즐이 사랑을 합창하는 것 같다. 행복이라 쓴 서각 판 위에 숫자 없이 올려놓은 황금색의 긴 시곗바늘이 천천히 여유를 느끼면서 시간을 보내라고 나를 토닥인다.

내 책상 위에는 올해 수업한 학생들 사진이 가득 펼쳐져서 모두 나를 보고 배시시 웃고 있다. 그 학생들이 마지막 수업 시간에 쓴 글을 펼쳐서 읽어 보았다.

□ 수학 수업 중 기억에 남는 것

- 플랫랜드 영상으로 1차원, 2차원, 3차원 도형이 나오는 것
- 세팍타크로 공 만들기
- 수학 관련 비문학 도서를 읽고 그림을 그린 것
- 〈시간을 달리는 소녀〉 영상
- 지오밴드로 다빈치 구로 만들기
- 설문지 만들고 인포그래픽으로 통계 포스터 만들기
- 귤껍질로 구의 겉넓이 구한 것
- 친구들과 함께 어려운 문제를 고민하다가 해결했던 순간
- 4차 다빈치 구 만든 것
- 이미란 샘이랑 둘이 같이 수학 공부 했던 기억
- 지오픽스로 델타다면체 8종류를 만든 것
- 하노이탑, 공명 쇄, 큐브, 숫자 퍼즐, 다양한 무늬 딱지
- 스피로 그래프

□ 수학 선생님에게 하고 싶은 말

- 1학기 때 샘이 한 말이 기억나요. "수업 시간에 졸리면 저녁에 일찍 자라" 말을 듣고 집에서 실천했습니다. 실천했더니 수업 시간에 잠을 안 자게 되었습니다.
- 선생님 덕분에 수학에 흥미를 느꼈습니다. 2학년 때도 제 수학 샘으로 계시면 좋겠어요.
- 선생님과 1년간 수학을 함께해서 즐거웠고, 행복했습니다.
- 가끔 수업만 하셔서 조금은 미웠을 때도 있었습니다. 하지만 지금 생각해 보면 저희를 위해 정말 많이 노력해 주신 것, 너

무 감사합니다. 수학 샘이 이미란 샘이어서 좋았습니다.

- 저희 가르치시는 동안 많이 힘드셨을 텐데 끝까지 열심히 가르쳐 주셔서 감사합니다. 샘을 생각해서 공부 열심히 하고, 좋은 성적 보여 드릴게요. 사랑하고 언제나 응원할게요.

- 끊임없이 생각하는 법을 가르쳐 주셔서 지금 이렇게 하고 싶은 이야기를 쓸 수 있다고 생각합니다. 샘을 만나서 수학 실력이 많이 좋아져서 감사하다고 전하고 싶습니다.

- 올해 수업하며 한 활동들은 너무 재미있어서 수업에 더 집중할 수 있었던 것 같습니다. 이렇게 수학을 재미있게 배운 적은 처음이고, 중학교 첫 1년이라는 시간을 저에게 평생 잊지 못할 소중한 시간들로 만들어 주셔서 감사했습니다!

- 선생님과 함께했던 수학 시간, 동아리 시간 너무 재미있었고 기억에 남아요. 소중한 추억 많이 선물해 주셔서 정말 감사합니다. 사랑합니다. ♡

- 학원에서 못 배웠던 걸 선생님 덕분에 배우게 되어 한 걸음 더 다가갈 수 있게 쉽게 가르쳐 주시고, 포기하지 않게 계속 도와주셔서 감사했어요. 가끔은 너무 수학적인 것 같았지만, 저를 되돌아볼 수 있는 수업이 많았던 것 같고, 색다른 영상과 활동도 많아서 때로는 어떤 활동 할지 기대가 가기도 했어요. 흥미 있게 이끌어 주셔서 감사했습니다.

선배들이 들려주는
수학 이야기

선배(1기 'Math Love' 수학 동아리상)의 이야기

— 연제욱(대학교 2학년) —

 **수학의 흥미가 지속되기를 응원**

중고교와 입시를 거치면서 수학을 싫어하게 되거나, 점차 흥미를 잃게 되는 경우가 많다. 다양한 사고를 하면서 생각의 폭을 넓히기 위한 수학이 아니라, 정해진 문제만을 풀기 위한 수학으로 싫증이 나게 된다. 나 또한 예외가 아니었다.

그래도 나는 아직 수학에 흥미가 있다. 물론 고등학교, 대학교를 거치면서 점차 어려워지고 난해해지는 수학에 머리가 깨져 나가고 있지만, 흥미롭다는 것은 부정할 수 없다.

수학에 흥미를 잃지 않았으면 해서 내가 수학에 대한 흥미를 잃지 않도록 도와준 유튜브 채널을 소개하고자 한다.

'수학 유튜브'라고 하면 재미없게 다가오겠지만, 내신 수학 문제 풀이 방법을 설명하는 등의 채널이 아니라, 흥미로운 수학 주제들을 다루는 채널들이다. 생각보다 재미있는 내용이 많으니 속는 셈 치고 한번 찾아보길 바란다.

'Ray 수학' 채널은 수학 교육을 전공한 사람이 운영하는 채널이다. 중고교 수학에서 도움이 될 내용부터 수학에 대한 흥미로운 주제, 더 나아가 전공 수학에 대한 내용까지 폭넓게 다루고 있으며, 상당히 쉽고 자세하게 풀어 설명해 주기 때문에 강력 추천 한다.

'Logical 로지컬' 채널은 "1+1=1이다", "π=2이다" 등 너무 당연하게 거짓인 내용을 논리적 오류를 통해 참인 것처럼 증명하는 채널이다. 보면서 '저게 어떻게 말이 돼'라고 생각하겠지만, 생각보다 논리적 오류를 짚어 내기 어려운 영상도 있으므로 각 영상에 어떠한 논리적 오류가 있는지 찾아보는 것도 재미있을 것이다. 추가로 이러한 논리적 오류를 찾아내는 과정에서 수학에서의 정의가 엄밀하고 정확해야 하는 이유가 무엇인지에 대해서도 생각해 볼 수 있을 것이다.

더 심도 있고 심오한 내용을 다루고 싶다면 '3Blue1Brown' 채널을 추천한다. 주로 수학과 관련된 문제 혹은 법칙을 설명하는데, 추상적으로 다가올 수 있는 개념들을 시각화해서 보여 주기 때문에 어려운 수학 개념도 쉽게 이해하도록 도와준다. 전공 수학에 대한 내용을 상당히 깊게 다루면서도 그 본질을 매우 이해하기 쉽게 전달하기에 매우 추천하는 채널이다.

수학은 가장 본질적이면서 추상적인 개념을 다루기 때문에 깊게 들어갈수록 난해하고 복잡하게 느껴진다. 하지만 그런 개념들을 다루기 때문에 오직 수학에서만 느낄 수 있는 매력이 존재한다고 생각한다. 난 우리 내포중 'Math Love' 수학 동아리 후배들이 꼭 수학의 매력을 찾아내어 수학에 대한 흥미가 지속되기를 응원한다.

선배(2기 'Math Love' 수학 동아리상)의 이야기

— 허윤(고등학교 3학년) —

이상과 현실의 조화

중학교 때 수학 동아리 활동을 계기로 현재 수험 생활까지 오는 과정에서 수학이라는 과목을 탐구하며 살펴본 결과, 흔히 "수학을 잘한다"는 평을 받는 대한민국 사람은, 입시 체계 맞춤형 시험 공부 방법을 체득하고 이를 적절하게 활용하여 문제를 해결하는 능력이 뛰어나다.

하지만 나는 이러한 능력만을 수학을 잘한다고 지칭하고 싶지 않기에 곧 입시 생활을 겪게 될 우리 친구들에게 자신이 만족할 만한 결과를 위한, 수학이라는 과목을 즐길 방법에 관하여 조언하고 싶다.

첫째, 수학적 흥미나 재미를 위해 사용할 수 있는 시간은 한정적이라는 것을 말해 주고 싶다. 시간이 흘러가는 속도는 같지만, 자신이 놓여 있는 상황에 따라 그 가치가 달라질 수 있고 중학 생활과 비교했을 때 상대적으로 고교 생활에서의 시간의 가치가 높게 생각하는 경향이 있기에 중학생 때는 이론적인 수학에서 벗어나 몸과 마음으로 수학을 느끼며 친구들과 즐겁게 수학 동아리 생활을 해 나갔으면 좋겠다. 나아가 수학에 대한 흥미를 느끼기를 바란다.

이러한 수학적 탐구를 즐길 줄 아는 친구들에게는 고등학교 입학하기 전에 고교 수학 범위를 한 번 공부해 보라고 권하고 싶다. 고교 수학을 빠르게 접하면 접할수록 익숙해지고 능숙하게 사용하는 방법을 알 수 있기에 다른 사람들보다 시간을 아낄 수 있고, 다른 과목과는 달리 수학은 깊이감이 중요하다고 생각하기에 혼자서 생각하는 시간을 많이 가진다면 효과적인 학습을 할 수 있을 거라 장담한다.

또 수학을 잘하기 위해 열정 역시 굉장히 중요하다고 생각하지만, 마지막에 살아남는 것은 고정된 습관이라고 생각한다. 짧은 시간이라도 자신이 규칙이나 패턴을 만들어 수학 공부를 해 보자. 하루하루 자신이 정한 목표치를 달성해 보고 성취감을 느끼면 좋겠다.

마지막으로 동기에 관한 이야기를 해 주고 싶다. 자신이 공부에 대한 욕심이 있다면 동기를 설정하는 것이 생각보다 중요하다는 것이다. 눈에 바로 보이는 외적 동기를 설정하는 것도 나쁘지는 않지만, 자신을 위한 이유, 내적 동기에 대하여 생각해 보고 무엇을 위해 성장해 나가야 하는지 점검해 보기를 바란다.

어려운 길이 쉬운 길보다 좋다고는 할 수 없지만, 의미 있는 길이라고 보기에 조금만 더 분발해서 열심히 살아 보자!

선배(3기 'Math Love' 수학 동아리장)의 이야기

― 김선민(고등학교 2학년) ―

 ## 가끔 수학이 지겨울 때

가끔 수학이 지겨울 때가 있다. 뭔가 샤프가 손에 안 잡히고, 평소보다 더 안 풀리는 것 같고. 그럴 때 내가 쓰는 방법이 몇 가지 있는데, 이를 좀 이야기해 보려 한다.

1. 약간의 휴식

머리를 너무 많이 쓴 것일지도 모른다. 약 10분에서 많이는 20분 정도 뇌를 식혀 준다. 단, 이때 정말 아무것도 안 하는 게 중요하다. 핸드폰 같은 것도 하지 말고 그냥 알람 맞추고 침대에 누워 있으면서 눈 감고 멍때리고 있으면 된다.

2. 말하면서 문제 풀기

마치 문제를 누군가에게 설명하듯, 또는 단순히 풀이 과정을 실시간으로 말만 하더라도 개인적으로 지겨움에서 벗어날 수 있다. 그리고 하다 보면 은근 재미도 있다.

3. 쉬운 문제 빨리 풀기

정말 쉬운 문제, 마치 암산으로 조금만 시간을 주면 풀 수 있는 문제를 푼다. 단 이때, 풀이 과정을 노트에 써 가면서, 또 시간을 단축해 보려는 것이 중요하다. 마치 $1+2+\cdots+100$을 그냥 빨리 50×101로 계산하는 것처럼, 풀이 과정 한 줄 한 줄 풀어 가며 시간을 줄일 수 있는 방법이 있나? 고민해 보는 거다.

4. 그냥 다른 과목을 한다

오늘은 진짜 날이 아니다. 싶으면 급하지 않으면 그냥 뇌가 잡히는 다른 과목을 하는 걸 추천한다. 그렇지만 수학은 하루에 최소 30분은 추천한다. 수학은 2일 쉬면 1일 쉬는 것보다 훨씬 어려워진다.

여기까지, 내가 수학이 지겨우면 하는 일들이다. 어디까지나 개인적인 팁이고, 다른 사람에게 안 맞을 수도 있다. 그럼에도 누군가에게는 팁이 되었으면 좋겠다.

수학 일기를 마무리하며

'오늘은 미세 먼지 매우 나쁨. 외부 활동을 자제해 주세요.'

우리 삶에도 누군가 이런 안내를 해 주기도 한다. 중요한 선택의 순간에 결정을 돕는다. 그리고 수학 공부는 우리 인생의 결정을 바꾸는 주된 요인이며 미세 먼지보다 더 힘든 존재일 수 있다.

그런데도 이미란 선생님이 수학에 대한 특별한 생각이나 감정을 나누는 시간이 필요한 수학 일기를 추진하셨다. 예전에 학급 일기를 쓰고 문집을 만들었던 기억이 있어 함께하자고 했다. 속도가 느려질 때나 잊고 있을 때도 기다려 주시고 마음을 솔직하게 표현하도록 배려하셨다.

1년여의 시간을 넘어 해가 바뀐 후에 편집을 마무리하며 거의 모든 것을 다 하시고 마지막 마무리를 부탁하시니 손이 부끄럽다. 이런저런 모양으로 일기를 쓰고 함께 이야기 나눈 우리 내포 중 친구들과 선배들까지 모두 감사하고 멋진 친구들이라는 느낌이 든다. 이렇게 함께 한 추억이 공유되고 서로 오래 만난 듯한 친밀감이 생겨 훗날 일기를 읽으며 이 시간 들이 행복하게 기억되었으면 한다.

'내일은 오랜만에 맑은 하늘을 보실 수 있겠습니다.'

지도 교사

전은경